中外哲學典籍大全
總主編 李鐵映 王偉光
中國哲學典籍卷

孝經集傳

經部孝經類

〔明〕黄道周 撰
許卉 蔡傑 翟奎鳳 點校

中国社会科学出版社

圖書在版編目（CIP）數據

孝經集傳／許卉，蔡傑，翟奎鳳點校．—北京：中國社會科學出版社，2020.9

（中外哲學典籍大全．中國哲學典籍卷）

ISBN 978－7－5203－5610－7

Ⅰ.①孝… Ⅱ.①許…②蔡…③翟… Ⅲ.①家庭道德—中國—古代②《孝經》—研究 Ⅳ.①B823.1

中國版本圖書館CIP數據核字（2019）第255932號

出 版 人 趙劍英
項目統籌 王 茵
責任編輯 鄭 彤
責任校對 宋燕鵬
責任印製 王 超

出 版 中国社会科学出版社
社 址 北京鼓樓西大街甲158號
郵 編 100720
網 址 http://www.csspw.cn
發 行 部 010－84083685
門 市 部 010－84029450
經 銷 新華書店及其他書店

印 刷 北京君昇印刷有限公司
裝 訂 廊坊市廣陽區廣增裝訂廠
版 次 2020年9月第1版
印 次 2020年9月第1次印刷

開 本 710×1000 1/16
印 張 19
字 數 256千字
定 價 69.00元

中外哲學典籍大全

中外哲學典籍大全

總序

中外哲學典籍大全的編纂，是一項既有時代價值又有歷史意義的重大工程。

中華民族經過了近一百八十年的艱苦奮鬥，迎來了中國近代以來最好的發展時期，迎來了奮力實現中華民族偉大復興的時期。中華民族衹有總結古今中外的一切思想成就，才能並肩世界歷史發展的大勢。爲此，我們須編纂一部匯集中外古今哲學典籍的經典集成，爲中華民族的偉大復興、爲人類命運共同體的建設、爲人類社會的進步，提供哲學思想的精粹。

哲學是思想的花朵，文明的靈魂，精神的王冠。一個國家、民族，要興旺發達，擁有光明的未來，就必須擁有精深的理論思維，擁有自己的哲學。哲學是推動社會變革和發展的理論力量，是激發人的精神砥石。哲學解放思維，净化心靈，照亮前行的道路。偉大的時代需要精邃的哲學。

一　哲學是智慧之學

哲學是什麽？這既是一個古老的問題，又是哲學永恒的話題。追問哲學是什麽，本身就是「哲學」問題。從哲學成爲思維的那一天起，哲學家們就在不停追問中發展、豐富哲學的篇章，給出一個又一個答案。每個時代的哲學家對這個問題都有自己的詮釋。哲學是什麽，是懸疑在人類智慧面前的永恒之問，這正是哲學之爲哲學的基本特點。

哲學是全部世界的觀念形態，精神本質。人類面臨的共同問題，是哲學研究的根本對象。本體論、認識論、世界觀、人生觀、價值觀、實踐論、方法論等，仍是哲學的基本問題和生命力所在！哲學研究的是世界萬物的根本性、本質性問題。人們可以給哲學做出許多具體定義，但我們可以嘗試用「遮詮」的方式描述哲學的一些特點，從而使人們加深對何爲哲學的認識。

哲學不是玄虛之觀。哲學來自人類實踐，關乎人生。哲學對現實存在的一切追根究底、「打破砂鍋問到底」。它不僅是問「是什麽」（being），而且主要是追問「爲什麽」（why），特别是追問「爲什麽的爲什麽」。它關注整個宇宙，關注整個人類的命運，關注人生。它關心柴米油鹽醬醋茶和人的生命的關係，關心人工智能對人類社會的挑戰。哲學是對一切實踐經驗的理論升華，它關心具體現象背後的根據，關心人類如何會更好。

哲學是在根本層面上追問自然、社會和人本身，以徹底的態度反思已有的觀念和認識，從價值理想出發把握生活的目標和歷史的趨勢，展示了人類理性思維的高度，凝結了民族進步的智慧，寄託了人們熱愛光明、追求真善美的情懷。道不遠人，人能弘道。哲學是把握世界、洞悉未來的學問，是思想解放、自由的大門！

古希臘的哲學家們被稱爲「望天者」，亞里士多德在《形而上學》一书中説，「最初人們通過好奇—驚讚來做哲學」。如果説知識源於好奇的話，那麽産生哲學的好奇心，必須是大好奇心。這種「大好奇心」祇爲一件「大事因緣」而來，所謂大事，就是天地之間一切事物的「爲什麽」。哲學精神，是「家事、國事、天下事，事事要問」，是一種永遠追問的精神。

哲學不衹是思維。哲學將思維本身作爲自己的研究對象，對思想本身進行反思。哲學不是一般的知識體系，而是把知識概念作爲研究的對象，追問「什麽才是知識的真正來源和根據」。哲學的「非對象性」的思想方式，不是「純形式」的推論原則，而有其「非對象性」之對象。哲學之對象乃是不斷追求真理，是一個理論與實踐兼而有之的過程，是認識的精粹。哲學追求真理的過程本身就顯現了哲學的本質。天地之浩瀚，變化之奥妙，正是哲思的玄妙之處。

哲學不是宣示絶對性的教義教條，哲學反對一切形式的絶對。哲學解放束縛，意味著從一切思想教條中解放人類自身。哲學給了我們徹底反思過去的思想自由，給了我們深刻洞察未來的思想能力。哲學就是解放之學，是聖火和利劍。

哲學不是一般的知識。哲學追求「大智慧」。佛教講「轉識成智」，識與智相當於知識與哲學的關係。一般知識是依據於具體認識對象而來的、有所依有所待的「識」，而哲學則是超越於具體對象之上的「智」。

公元前六世紀，中國的老子説，「大方無隅，大器晚成，大音希聲，大象無形，道隱無名。夫唯道，善貸且成」。又説，「反者道之動，弱者道之用。天下萬物生於有，有生於無」。對道的追求就是對有之爲有、無形無名的探究，就是對天地何以如此的探究。這種追求，使得哲學具有了天地之大用，具有了超越有形有名之有限經驗的大智慧。這種大智慧、大用途，超越一切限制的籬笆，達到趨向無限的解放能力。

哲學不是經驗科學，但又與經驗有聯繫。哲學從其作爲學問誕生起，就包含於科學形態之中，是以科學形態出現的。哲學是以理性的方式、概念的方式、論证的方式來思考宇宙人生的根本問題。在亞里士多德那裏，凡是研究實體（ousia）的學問，都叫作「哲學」。而「第一實體」則是存在者中的「第一個」。研究第一實體的學問稱爲「神學」，也就是「形而上學」，這正是後世所謂「哲學」。一般意義上的科學正是從「哲學」最初的意義上贏得自己最原初的規定性的。哲學雖然不是經驗科學，却爲科學劃定了意義的範圍、指明了方向。哲學最後必定指向宇宙人生的根本問題，大科學家的工作在深層意義上總是具有哲學的意味，牛頓和愛因斯坦就是這樣的典範。

哲學不是自然科學，也不是文學藝術，但在自然科學的前頭，哲學的道路展現了；在文學藝術的山頂，哲學的天梯出現了。哲學不斷地激發人的探索和創造精神，使人在認識世界的過程中，不斷達到新境界，在改造世界中從必然王國到達自由王國。

哲學不斷從最根本的問題再次出發。哲學史在一定意義上就是不斷重構新的世界觀、認識人類自身的歷史。哲學的歷史呈現，正是對哲學的創造本性的最好説明。哲學史上每一位哲學家對根本問題的思考，都在爲哲學添加新思維、新向度，猶如爲天籟山上不斷增添一隻隻黄鸝翠鳥。

如果説哲學是哲學史的連續展現中所具有的統一性特徵，那麽這種「一」是在「多」個哲學的創造中實現的。如果説每一種哲學體系都追求一種體系性的「一」的話，那麽每種「一」的體系之間都存在着千絲相聯、多方組合的關係。這正是哲學史昭示於我們的哲學多樣性的意義。多樣性與統一性的依存關係，正是哲學尋求現象與本質、具體與普遍相統一的辯證之意義。

哲學的追求是人類精神的自然趨向，是精神自由的花朵。哲學是思想的自由，是自由的思想。

中國哲學，是中華民族五千年文明傳統中，最爲内在的、最爲深刻的、最爲持久的精神追求和價值觀表達。中國哲學已經化爲中國人的思維方式、生活態度、道德準則、人生追求、精神境界。中國人的科學技術、倫理道德，小家大國、中醫藥學、詩歌文學、繪畫書法、武術拳法、鄉規民俗，乃至日常生活也都浸潤着中國哲學的精神。華夏文化雖歷經磨難而能够透魄醒神，堅韌屹立，正是來自於中國哲學深邃的思維和創造力。

先秦時代，老子、孔子、莊子、孫子、韓非子等諸子之間的百家争鳴，就是哲學精神在中國的展現，是中國人思想解放的第一次大爆發。兩漢四百多年的思想和制度，是諸子百家思想在争鳴過程中大整合的結果。魏晋之際，玄學的發生，則是儒道冲破各自藩籬，彼此互動互補的結果，形成了儒家獨尊的態勢。隋唐三百年，佛教深入中國文化，又一次帶來了思想的大融合和大解放，禪宗的形成就是這一融合和解放的結果。兩宋三百多年，中國哲學迎來了第三次大解放。儒釋道三教之間的互潤互持日趨深入，朱熹的理學和陸象山的心學，就是這一思想潮流的哲學結晶。

與古希臘哲學强調沉思和理論建構不同，中國哲學的旨趣在於實踐人文關懷，它更關注實踐的義理性意義。中國哲學當中，知與行從未分離，中國哲學有着深厚的實踐觀點和生活觀點，倫理道德觀是中國人的貢獻。馬克思説，「全部社會生活在本質上是實踐的」，實踐的觀點、生活的觀點也正是馬克思主義認識論的基本觀點。這種哲學上的契合性，正是馬克思主義能够在中國扎根並不斷中國化的哲學原因。

「實事求是」是中國的一句古話。今天已成爲深遂的哲理，成爲中國人的思維方式和行爲基準。實事求是就是解放思想，解放思想就是實事求是。實事求是毛澤東思想的精髓，是改革開放的基石。只有解放思想才能實事求是。實事求是就是中國人始終堅持的哲學思想。實事求是就是依靠自己，走自己的道路，反對一切絶對觀念。所謂中國化就是一切從中國實際出發，一切理論必須符合中國實際。

二　哲學的多樣性

實踐是人的存在形式，是哲學之母。實踐是思維的動力、源泉、價值、標準。人們認識世界、探索規律的根本目的是改造世界，完善自己。哲學問題的提出和回答，都離不開實踐。馬克思有句名言：「哲學家們只是用不同的方式解釋世界，而問題在於改變世界！」理論只有成爲人的精神智慧，才能成爲改變世界的力量。

哲學關心人類命運。時代的哲學，必定關心時代的命運。對時代命運的關心就是對人類實踐和命運的關心。人在實踐中產生的一切都具有現實性。哲學的實踐性必定帶來哲學的現實性。哲學的現實性就是强調人在不斷回答實踐中各種問題時應該具有的態度。

哲學作爲一門科學是現實的。哲學是一門回答並解釋現實的學問，哲學是人們聯繫實際、面對現實的思想。可以説哲學是現實的最本質的理論，也是本質的最現實的理論。哲學始終追問現實的發展和變化。哲學存在於實踐中，也必定在現實中發展。哲學的現實性要求我們直面實踐本身。

哲學不是簡單跟在實踐後面，成爲當下實踐的「奴僕」，而是以特有的深邃方式，關注着實踐的發展，提升人的實踐水平，爲社會實踐提供理論支撑。從直接的、急功近利的要求出發來理解和從事哲學，無異於向哲學提出它本身不可能完成的任務。哲學是深沉的反思，厚重的智慧，事物的抽象，理論的把握。哲學是人類把握世界最深邃的理論思維。

哲學是立足人的學問，是人用於理解世界、把握世界、改造世界的智慧之學。「民之所好，好之，民之所惠，惠之。」哲學的目的是爲了人。用哲學理解外在的世界，理解人本身，也是爲了用哲學改造世界、改造人。哲學研究無禁區，無終無界，與宇宙同在，與人類同在。

存在是多樣的，發展是多樣的，這是客觀世界的必然。宇宙萬物本身是多樣的存在，多樣的變化。歷史表明，每一民族的文化都有其獨特的價值。文化的多樣性是自然律，是動力，是生命力。各民族文化之間的相互借鑒，補充浸染，共同推動著人類社會的發展和繁榮，這是規律。對象的多樣性、複雜性，決定了哲學的多樣性；即使對同一事物，人們也會産生不同的哲學認識，形成不同的哲學派别。哲學觀點、思潮、流派及其表現形式上的區别，來自於哲學的時代性、地域性和民族性的差异。世界哲學是不同民族的哲學的薈萃，如中國哲學、西方哲學、阿拉伯哲學等。多樣性構成了世界，百花齊放形成了花園。不同的民族會有不同風格的哲學。恰恰是哲學的民族性，使不同的哲學都可以在世界舞臺上演繹出各種「戲劇」。即使有類似的哲學觀點，在實踐中的表達和運用也會各有特色。

人類的實踐是多方面的，具有多樣性、發展性，大體可以分爲：改造自然界的實踐，改造人類社會的實踐，完善人本身的實踐，提升人的精神世界的精神活動。人是實踐中的人，實踐是人的生命的第一屬性。實踐的社會性决定了哲學的社會性，哲學不是脱離社會現實生活的某種遐想，而是社會現實生活的觀念形態，是文明進步的重要標誌，是人的發展水平的重要維度。哲學的發展狀况，反映着一個社會人的理性成熟程度，反映著這個社會的文明程度。

哲學史實質上是自然史、社會史、人的發展史和人類思維史的總結和概括。自然界是多樣的，社會是多樣的，人類思維是多樣的。所謂哲學的多樣性，就是哲學基本觀念、理論學説、方法的異同，是哲學思維方式上的多姿多彩。哲學的多樣性是哲學的常態，是哲學進步、發展和繁榮的標誌。哲學是人的哲學，哲學是人對事物的自覺，是人對外界和自我認識的學問，也是人把握世界和自我的學問。哲學的多樣性，是哲學的常態和必然，是哲學發展和繁榮的内在動力。一般是普遍性，特色也是普遍性。從單一性到多樣性，從簡單性到複雜性，是哲學思維的一大變革。用一種哲學話語和方法否定另一種哲學話語和方法，這本身就不是哲學的態度。

多樣性並不否定共同性、統一性、普遍性。物質和精神，存在和意識，一切事物都是在運動、變化中的，是哲學的基本問題，也是我們的基本哲學觀點！

當今的世界如此紛繁複雜，哲學多樣性就是世界多樣性的反映。哲學是以觀念形態表現出的現實世界。哲學的多樣性，就是文明多樣性和人類歷史發展多樣性的表達。多樣性是宇宙之道。

哲學的實踐性、多樣性，還體現在哲學的時代性上。哲學總是特定時代精神的精華，是一定歷史條件下人的反思活動的理論形態。在不同的時代，哲學具有不同的内容和形式，哲學的多樣性，也是歷史時代多樣性的表達。哲學的多樣性也會讓我們能够更科學地理解不同歷史時代，更爲内在地理解歷史發展的道理。多樣性是歷史之道。

哲學之所以能發揮解放思想的作用，在於它始終關注實踐，關注現實的發展；在於它始終關注著科學技術的進步。哲學本身没有絶對空間，没有自在的世界，只能是客觀世界的映象，觀念形態。没有了現實性，哲學就遠離人，就離開了存在。哲學的實踐性，説到底是在説明哲學本質上是人的哲學，是人的思維，是爲了人的科學！哲學的實踐性、多樣性告訴我們，哲學必須百花齊放、百家争鳴。哲學的發展首先要解放自己，解放哲學，就是實現思維、觀念及範式的變革。人類發展也必須多途並進，交流互鑒，共同繁榮。采百花之粉，才能釀天下之蜜。

三　哲學與當代中國

中國自古以來就有思辨的傳統，中國思想史上的百家争鳴就是哲學繁榮的史象。哲學是歷史發展的號角。中國思想文化的每一次大躍升，都是哲學解放的結果。中國古代賢哲的思想傳承至今，他們的智慧已浸入中國人的精神境界和生命情懷。

中國共産黨人歷來重視哲學，毛澤東在一九三八年，在抗日戰争最困難的條件下，在延安研究哲學，創作了實踐論和矛盾論，推動了中國革命的思想解放，成爲中國人民的精神力量。

中華民族的偉大復興必將迎來中國哲學的新發展。當代中國必須有自己的哲學，當代中國的哲學必須要從根本上講清楚中國道路的哲學道理。中華民族的偉大復興必須要有哲學的思維，必須要有不斷深入的反思。發展的道路，就是哲思的道路，文化的自信，就是哲學思維的自信。哲學是引領者，可謂永恒的「北斗」，哲學是時代的「火焰」，是時代最精緻最深刻的「光芒」。從社會變革的意義上説，任何一次巨大的社會變革，總是以理論思維爲先導。理論的變革，總是以思想觀念的空前解放爲前提，而「吹響」人類思想解放第一聲「號角」的，往往就是代表時代精神精華的哲學。社會實踐對於哲學的需求可謂「迫不及待」，因爲哲學總是「吹響」這個新時代的「號角」。「吹響」中國改革開放之

「號角」的，正是「解放思想」「實踐是檢驗真理的唯一標準」「不改革死路一條」等哲學觀念。「吹響」新時代「號角」的是「中國夢」，「人民對美好生活的向往，就是我們奮鬥的目標」。發展是人類社會永恒的動力，變革是社會解放的永遠的課題，思想解放，解放思想是無盡的哲思。中國正走在理論和實踐的雙重探索之路上，搞探索没有哲學不成！

中國哲學的新發展，必須反映中國與世界最新的實踐成果，必須反映科學的最新成果，必須具有走向未來的思想力量。今天的中國人所面臨的歷史時代，是史無前例的。十三億人齊步邁向現代化，這是怎樣的一幅歷史畫卷！是何等壯麗、令人震撼！不僅中國歷史上亘古未有，在世界歷史上也從未有過。當今中國需要的哲學，是結合天道、地理、人德的哲學，是整合古今中西的哲學，只有這樣的哲學才是中華民族偉大復興的哲學。

當今中國需要的哲學，必須是適合中國的哲學。無論古今中外，再好的東西，也需要再吸收，再消化，必須要經過現代化和中國化，才能成爲今天中國自己的哲學。哲學是解放人的，哲學自身的發展也是一次思想解放，也是人的一个思維升華、羽化的過程。中國人的思想解放，總是隨著歷史不斷進行的。歷史有多長，思想解放的道路就有多長；發展進步是永恒的，思想解放也是永無止境的，思想解放就是哲學的解放。

習近平説，思想工作就是「引導人們更加全面客觀地認識當代中國、看待外部世界」。這就需要我們確立一種「知己知彼」的知識態度和理論立場，而哲學則是對文明價值核心最精練和最集中的深邃性表達，有助於我們認識中國、認識世界。立足中國、認識中國，需要我們審視我們走過的道路，立足中國、認識世界，需要我們觀察和借鑒世界歷史上的不同文化。中國「獨特的文化傳統」、中國「獨特的歷史命運」、中國「獨特的基本國情」，「決定了我們必然要走適合自己特點的發展道路」。一切現實的，存在的社會制度，其形態都是具體的，都是特色的，都必須是符合本國實際的。抽象的制度，普世的制度是不存在的。同時，我們要全面客觀地「看待外部世界」。研究古今中外的哲學，是中國認識世界、認識人類史，認識自己未來發展的必修課。今天中國的發展不僅要讀中國書，還要讀世界書。不僅要學習自然科學、社會科學的經典，更要學習哲學的經典。當前，中國正走在實現「中國夢」的「長征」路上，這也正是一條思想不斷解放的道路！要回答中國的問題，解釋中國的發展，首先需要哲學思維本身的解放。哲學的發展，就是哲學的解放，這是由哲學的實踐性、時代性所決定的。哲學無禁區、無疆界。哲學是關乎宇宙之精神，是關乎人類之思想。哲學將與宇宙、人類同在。

四　哲學典籍

中外哲學典籍大全的編纂，是要讓中國人能研究中外哲學經典，吸收人類精神思想的精華；是要提升我們的思維，讓中國人的思想更加理性、更加科學、更加智慧。

中國有盛世修典的傳統。中國古代有多部典籍類書（如「永樂大典」「四庫全書」等），在新時代編纂中外哲學典籍大全，是我們的歷史使命，是民族復興的重大思想工程。

只有學習和借鑒人類精神思想的成就，才能實現我們自己的發展，走向未來。中外哲學典籍大全的編纂，就是在思維層面上，在智慧境界中，繼承自己的精神文明，學習世界優秀文化。這是我們的必修課。

不同文化之間的交流、合作和友誼，必須達到哲學層面上的相互認同和借鑒。哲學之間的對話和傾聽，才是從心到心的交流。中外哲學典籍大全的編纂，就是在搭建心心相通的橋樑。

我們編纂這套哲學典籍大全，一是中國哲學，整理中國歷史上的思想典籍，濃縮中國思想史上的精華；二是外國哲學，主要是西方哲學，吸收外來，借鑒人類發展的優秀哲學成果；三是馬克思主義哲學，展示馬克思主義哲學中國化的成就；四是中國近現代以來的哲學成果，特別是馬克思主義在中國的發展。

編纂這部典籍大全，是哲學界早有的心願，也是哲學界的一份奉獻。中外哲學典籍大全總結的是書本上的思想，是先哲們的思維，是前人的足迹。我們希望把它們奉獻給後來人，使他們能够站在前人肩膀上，站在歷史岸邊看待自己。

中外哲學典籍大全的編纂，是以「知以藏往」的方式實現「神以知來」；中外哲學典籍大全的編纂，是通過對中外哲學歷史的「原始反終」，從人類共同面臨的根本大問題出發，在哲學生生不息的道路上，綵繪出人類文明進步的盛德大業！

發展的中國，既是一個政治、經濟大國，也是一個文化大國，也必將是一個哲學大國、思想王國。人類的精神文明成果是不分國界的，哲學的邊界是實踐，實踐的永恒性是哲學的永續綫性，打開胸懷擁抱人類文明成就，是一個民族和國家自强自立，始終佇立於人類文明潮頭的根本條件。

擁抱世界，擁抱未來，走向復興，構建中國人的世界觀、人生觀、價值觀、方法論，這是中國人的視野、情懷，也是中國哲學家的願望！

李鐵映

二〇一八年八月

「中國哲學典籍卷」

序

中國古無「哲學」之名，但如近代的王國維所説，「哲學爲中國固有之學」。「哲學」的譯名出自日本啓蒙學者西周，他在一八七四年出版的百一新論中説：「將論明天道人道，兼立教法的philosophy譯名爲哲學。」自「哲學」譯名的成立，「philosophy」或「哲學」就已有了東西方文化交融互鑒的性質。

「philosophy」在古希臘文化中的本義是「愛智」，而「哲學」的「哲」在中國古經書中的字義就是「智」或「大智」。孔子在臨終時慨嘆而歌：「泰山壞乎！梁柱摧乎！哲人萎乎！」（史記孔子世家）「哲人」在中國古經書中釋爲「賢智之人」，而在「哲學」譯名輸入中國後即可稱爲「哲學家」。

哲學是智慧之學，是關於宇宙和人生之根本問題的學問。對此，中西或中外哲學是共同的，因而哲學具有世界人類文化的普遍性。但是，正如世界各民族文化既有世界的普遍性，也有民族的特殊性，所以世界各民族哲學也具有不同的風格和特色。如果說「哲學」是個「共名」或「類稱」，那麼世界各民族哲學就是此類中不同的「特例」。這是哲學的普遍性與多樣性的統一。

在中國哲學中，關於宇宙的根本道理稱爲「天道」，關於人生的根本道理稱爲「人道」，中國哲學的一個貫穿始終的核心問題就是「究天人之際」。一般說來，天人關係問題是中外哲學普遍探索的問題，而中國哲學的「究天人之際」具有自身的特點。

亞里士多德曾說：「古今來人們開始哲學探索，都應起於對自然萬物的驚異……這類學術研究的開始，都在人生的必需品以及使人快樂安適的種種事物幾乎全都獲得了以後。」「這些知識最先出現於人們開始有閒暇的地方。」這是說的古希臘哲學的一個特點，是與當時古希臘的社會歷史發展階段及其貴族階層的生活方式相聯繫的。與此不同，中國哲學是產生於士人在社會大變動中的憂患意識，爲了求得社會的治理和人生的安頓，他們大多「席不暇暖」地周遊列國，宣傳自己的社會主張。這就決定了中國哲學在「究天人之際」

中首重「知人」，在先秦「百家争鳴」中的各主要流派都是「務爲治者也，直所從言之異路，有省不省耳」（史記太史公自序）。

中國哲學與其他民族哲學所不同者，還在於中國數千年文化一直生生不息而未嘗中斷，中國文化在世界歷史的「軸心時期」所實現的哲學突破也是采取了極温和的方式。這主要表現在孔子的「祖述堯舜，憲章文武」，删述六經，對中國上古的文化既有連續性的繼承，又經編纂和詮釋而有哲學思想的突破。因此，由孔子及其後學所編纂和詮釋的上古經書就以「先王之政典」的形式不僅保存下來，而且在此後中國文化的發展中居於統率的地位。

據近期出土的文獻資料，先秦儒家在戰國時期已有對「六經」的排列，「六經」作爲一個著作群受到儒家的高度重視。至漢武帝「罷黜百家，表章六經」，遂使「六經」以及儒家的經學確立了由國家意識形態認可的統率地位。漢書藝文志著録圖書，爲首的是「六藝略」，其次是「諸子略」「詩賦略」「兵書略」「數術略」和「方技略」，這就體現了以「六經」統率諸子學和其他學術。這種圖書分類經幾次調整，到了隋書經籍志乃正式形成「經、史、子、集」的四部分類，此後保持穩定而延續至清。

中國傳統文化有「四部」的圖書分類，也有對「義理之學」「考據之學」「辭章之學」和「經世之學」等的劃分，其中「義理之學」雖然近於「哲學」但並不等同。中國傳統文化没有形成「哲學」以及近現代教育學科體制的分科，但是中國傳統文化確實固有其深邃的哲學思想，它表達了中華民族的世界觀、人生觀，體現了中華民族的思維方式、行爲準則，凝聚了中華民族最深沉、最持久的價值追求。

清代學者戴震説：「天人之道，經之大訓萃焉。」（原善卷上）經書和經學中講「天人之道」的「大訓」，就是中國傳統的哲學；不僅如此，在圖書分類的「子、史、集」中也有講「天人之道」的「大訓」，這些也是中國傳統的哲學。「究天人之際」的哲學主題是在中國文化上下幾千年的發展中，伴隨著歷史的進程而不斷深化、轉陳出新、持續探索的。

中國哲學首重「知人」，在天人關係中是以「知人」爲中心，以「安民」或「爲治」爲宗旨的。在記載中國上古文化的尚書皋陶謨中，就有了「知人則哲，能官人；安民則惠，黎民懷之」的表述。在論語中，「樊遲問仁，子曰：『愛人。』問知（智），子曰：『知人。』」（論語顏淵）「仁者愛人」是孔子思想中的最高道德範疇，其源頭可上溯到中國文化自上古以來就形成的崇尚道德的優秀傳統。孔子説：「未能事人，焉能事鬼？」「未知生，焉知死？」（論語先進）「務民之義，敬鬼神而遠之，可謂知矣。」（論語雍也）「智者知人」，在孔子的思想中雖然保留了對「天」和鬼神的敬畏，但他的主要關注點是現世的人生，是「仁者愛人」「天下有道」的價值取向，由此確立了中國哲學以「知人」爲中心的思想範式。西方現代哲學家雅斯貝爾斯在大哲學家一書中把蘇格拉底、佛陀、孔子和耶穌作爲「思想範式的創造者」，而孔子思想的特點就是「要在世間建立一種人道的秩序」，「在現世的可能性之中」，孔子「希望建立一個新世界」。

中國上古時期把「天」或「上帝」作爲最高的信仰對象，這種信仰也有其宗教的特殊性。如梁啓超所説：「各國之尊天者，常崇之於萬有之外，而中國則常納之於人事之中，此吾中華所特長也。……其尊天也，目的不在天國而在世界，受用不在未來（來世）而在現在（現世）。是故人倫亦稱天倫，人道亦稱天道。記曰：『善言天者必有驗於人。』此所以雖近於宗教，而與他國之宗教自殊科也。」由於中國上古文化所信仰的「天」不是存在於與人世生活相隔絶的「彼岸世界」，而是與地相聯繫（中庸所謂「郊社之禮，所以事上帝也」，朱熹中庸章句注：「郊，祀天；社，祭地。不言后土者，省文也。」），具有道德的、以民爲本的特點（尚書所謂「皇天無親，惟德是輔」，「天視自我民視，天聽自我民聽」，「民之所欲，天必從之」），所以這種特殊的宗教性也長期地影響著中國哲學對天人關係的認識。相傳「人更三聖，世經三古」的易經，其本爲卜筮之書，但經孔子「觀其德義而已」之後，則成爲講天人關係的哲理之書。四庫全书總目易類序說：「聖人覺世牖民，大抵因事以寓教……易則寓於卜筮。故易之爲書，推天道以明人事者也。」不僅易經是如此，而且以後中國哲學的普遍架構就是「推天道以明人事」。

春秋末期，與孔子同時而比他年長的老子，原創性地提出了「有物混成，先天地生」（老子二十五章），天地並非固有的，在天地產生之前有「道」存在，「道」是產生天地萬物的總根源和總根據。「道」内在於天地萬物之中就是「德」，「孔德之容，惟道是從」（老子二十一章），「道」與「德」是統一的。老子說：「道生之，德畜之，物形之，勢成之。是以萬物莫不尊道而貴德。道之尊，德之貴，夫莫之命而常自然。」（老子五十一章）老子的價值主張是「自然無爲」，而「自然無爲」的天道根據就是「道生之，德畜之……是以萬物莫不尊道而貴德」。老子所講的「德」實即相當於「性」，孔子所罕言的「性與天道」，在老子哲學中就是講「道」與「德」的形而上學。實際上，老子哲學確立了中國哲學「性與天道合一」的思想，而他從「道」與「德」推出「自然無爲」的價值主張，這就成爲以後中國哲學「推天道以明人事」普遍架構的一個典範。雅斯貝爾斯在大哲學家一書中把老子列入「原創性形而上學家」，他説：「從世界歷史來看，老子的偉大是同中國的精神結合在一起的。」他評價孔、老關係時説：「雖然兩位大師放眼於相反的方向，但他們實際上立足於同一基礎之上。兩者間的統一在中國的偉大人物身上則一再得到體現……」這裏所謂「中國的精神」「立足於同一基礎之上」，就是説孔子和老子的哲學都是爲了解決現實生活中的問題，都是「務爲治者也」。

在老子哲學之後，中庸説：「天命之謂性」，「思知人，不可以不知天」。孟子説：「盡其心者知其性也，知其性則知天矣。」（孟子盡心上）此後的中國哲學家雖然對天道和人性有不同的認識，但大抵都是講人性源於天道，知天是爲了知人。一直到宋明理學家講「天者理也」，「性即理也」，「性與天道合一存乎誠」。作爲宋明理學之開山著作的周敦頤太極圖説，是從「無極而太極」講起，至「形既生矣，神發知矣，五性感動而善惡分，萬事出矣」，這就是從天道講到人事，而其歸結爲「聖人定之以中正仁義而主静，立人極焉」，這就是從天道、人性推出人事應該如何，「立人極」就是要確立人事的價值準則。可以説，中國哲學的「推天道以明人事」最終指向的是人生的價值觀，這也就是要「爲天地立心，爲生民立命，爲往聖繼絶學，爲萬世開太平」。在作爲中國哲學主流的儒家哲學中，價值觀又是與道德修養的工夫論和道德境界相聯繫。因此，天人合一、真善合一、知行合一成爲中國哲學的主要特點。

中國哲學經歷了不同的歷史發展階段，從先秦時期的諸子百家争鳴，到漢代以後的儒家經學獨尊，而實際上是儒道互補，至魏晋玄學乃是儒道互補的一個結晶；在南北朝時期逐漸形成儒、釋、道三教鼎立，從印度傳來的佛教逐漸適應中國文化的生態環境，至隋唐時期完成中國化的過程而成爲中國文化的一個有機組成部分；宋明理學則是吸收了佛、道二教的思想因素，返而歸於「六經」，又創建了論語孟子大學中庸的「四書」體系，建構了以「理、氣、心、性」爲核心範疇的新儒學。因此，中國哲學不僅具有自身的特點，而且具有不同發展階段和不同學派思想内容的豐富性。

一八四〇年之後，中國面臨着「數千年未有之變局」，中國文化進入了近現代轉型的時期。在甲午戰敗之後的一八九五年，「哲學」的譯名出現在黄遵憲的日本國志和鄭觀應的盛世危言（十四卷本）中。此後，「哲學」以一個學科的形式，以哲學的「獨立之精神，自由之思想」推動了中華民族的思想解放和改革開放，中、外哲學會聚於中國，中、外哲學的交流互鑒使中國哲學的發展呈現出新的形態，馬克思主義哲學在與中國的歷史文化傳統、中國具體的革命和建設實踐相結合的過程中不斷中國化而産生新的理論成果。中華民族的偉大復興必將迎來中國哲學的新發展，在此之際，編纂中外哲學典籍大全，中國哲學典籍第一次與外國哲學典籍會聚於此大全中，這是中國盛世修典史上的一個首創，對於今後中國哲學的發展、對於中華民族的偉大復興具有重要的意義。

李存山

二〇一八年八月

出版前言

社會的發展需要哲學智慧的指引。在中國浩如煙海的文獻中，哲學典籍占據著重要地位，指引著中華民族在歷史的浪潮中前行。這些凝練著古聖先賢智慧的哲學典籍，在新時代仍然熠熠生輝。

收入我社「中國哲學典籍卷」的書目，是最新整理成果的首次發布，按照内容和年代分爲以下幾類：先秦子書類、兩漢魏晋隋唐哲學類、佛道教哲學類、宋元明清哲學類、近現代哲學類、經部（易類、書類、禮類、春秋類、孝經類）等，其中以經學類占多數。本次整理皆選取各書存世的善本爲底本，制訂校勘記撰寫的基本原則以確保校勘品質。全套書采用繁體竪排加專名綫的古籍版式，嚴守古籍整理出版規範，並請相關領域專家多次審稿，作者反復修訂完善，旨在匯集保存中國哲學典籍文獻，同時也爲古籍研究者和愛好者提供研習的文本。

文化自信是一個國家、一個民族發展中更基本、更深沉、更持久的力量。對中國哲學典籍進行整理出版，是文化創新的題中應有之義。中國社會科學出版社秉持「傳文明薪火，發時代先聲」的發展理念，歷來重視中華優秀傳統文化的研究和出版。「中國哲學典籍卷」樣稿已在二〇一八年世界哲學大會、二〇一九年北京國際書展等重要圖書會展亮相，贏得了與會學者的高度讚賞和期待。

點校者、審稿專家、編校人員等爲叢書的出版付出了大量的時間與精力，在此一並致謝。由於水準有限，書中難免有一些不當之處，敬請讀者批評指正。

趙劍英

二〇二〇年八月

本書點校説明

黄道周（1585—1646），福建漳浦人，字幼玄，號石齋。生於明萬曆十三年（1585），天啟二年（1622）中進士，歷任崇禎朝翰林院編修、詹事府少詹事，南明弘光朝禮部尚書，隆武朝内閣首輔等職，後募兵抗清，被俘不屈，於隆武二年（1646）就義於南京。乾隆四十一年（1776）諭文以品行稱他爲「一代完人」。道光五年（1825），清廷將黄道周請入孔廟從祀。

黄道周是明末大儒，著名的理學家、經學家和書法家，時人徐霞客盤數天下名流時，稱：「至人唯一石齋，其字畫爲館閣第一，文章爲國朝第一，人品爲海宇第一，其學問直接周孔，爲古今第一。」〔一〕所謂學問直追周孔，即指黄道周以六經救世，重拾經世致用的儒

〔一〕徐霞客：滇游日記七，徐霞客游記卷七下，褚紹唐、吴應壽整理，上海古籍出版社2007年版，第879頁。

家精神。特別是其學術生涯的後期，兼容並跨越漢宋，回歸六經，直追周孔，孝經集傳便是這一時期的代表作。

本書點校以美國哈佛大學哈佛燕京圖書館藏崇禎十六年黄道周弟子刻本孝經集傳爲底本，以文淵閣四庫全書經部孝經類所收孝經集傳爲校本，以國家圖書館藏康熙三十二年鄭開極刻本孝經集傳爲參校本。以上三個版本，在點校中分别簡稱崇禎本、四庫本和康熙本。

崇禎本不誤，四庫本、康熙本明顯錯誤者，不出注；四庫本、康熙本爲異文者，出注。個别情況，四庫本或康熙本正確，崇禎本明顯錯誤者，從改。

書中引文後原無出處，現據引文内容注明出處，括號示之。

原文「感應章第十六」第一段兩個括號内文字，皆爲孝經集傳原文。其中所謂「舊本」指孝經原本。其將文句下移，系黄道周觀點。

孝經集傳在後世流傳廣泛，版本衆多，學者爲之作序多篇，現將崇禎本之衆弟子跋，康熙本之張、鄭、沈三篇序，四庫本之提要附於後。且後世學者對孝經集傳的相關評價甚多，亦摘取數則一併附於後，以集中展現孝經集傳在經學史上的重要地位。

黄道周一生重孝道，其文集中論孝文章多篇，現將黄道周集八篇論孝文章附於後，以集中展現黄道周的孝道思想。

許卉　蔡傑　翟奎鳳

二〇一八年五月

目録

進孝經集傳序

臣觀孝經者，道德之淵源，治化之綱領也。六經之本皆出孝經，而小戴四十九篇、大戴三十六篇、儀禮十七篇皆爲孝經疏義。蓋當時師、偃、商、參之徒，習觀夫子之行事，誦其遺言，尊聞行知，萃爲禮論，而其至要所在，備於孝經。觀戴記所稱「君子之教也」及「送終時思」之類多繹孝經者，蓋孝爲教本，禮所由生，語孝必本敬，本敬則禮從此起，非必禮記初爲孝經之傳註也。臣繹孝經微義有五，著義十二。微義五者：因性明教，一也；追文反質，二也；貴道德而賤兵刑，三也；定辟異端，四也；韋布而享祀，五也。此五者，皆先聖所未著而夫子獨著之，其文甚微。十二著者：郊廟、明堂、釋奠、齒胄、養老、耕藉、冠昏、朝、聘、喪、祭、鄉飲酒是也。著是十七者，以治天下，選士不與焉，而士出其中矣。天下休明，聖主尊經循是而行之，五帝三王之治猶可以復也。

孝經集傳卷一

開宗明義章第一

仲尼居，曾子侍。子曰：「先王有至德要道，以順天下，民用和睦，上下無怨，女知之乎？」

順天下者，順其心而已。天下之心順，則天下皆順矣。因心而立教謂之德，得其本則曰至德；因心而成治則曰〔一〕道，得其本則曰要道。道德之本皆生於天，因天所命，以誘其民，非有強於民也。夫子見世之立教者不反其本，將以天治之，故發端於此焉。

曾子曰：「參不敏，何足以知之？」子曰：「夫孝，德之本也，教之所由生也。」

本者，性也；教者，道也。本立則道生，道生則教立。先王以孝治天下，本諸身而徵諸民，禮樂教化於是

〔一〕則曰，康熙本同，四庫本作「谓之」。

出焉。周禮：「至德以爲道本，敏德以爲行本，孝德以知逆惡。」雖有三德，其本一也。

「復坐，吾語女。身體髮膚，受之父母，不敢毁傷，孝之始也。立身行道，揚名于後世，以顯父母，孝之終也。」

教本於孝，孝根於敬。敬身以敬親，敬親以敬天，仁義立而道德從之。不敢毁傷，敬之至也。爲天子不毁傷天下，爲諸侯、大夫不毁傷家國，爲士庶不毁傷其身。持之以嚴，守之以順，存之以敬，行之以敏，無怨於天下而求之於身，然後其身見愛敬於天下。身見愛敬於天下，則天下亦愛敬其親矣。故立教者終始於此也。

「夫孝，始于事親，中于事君，終于立身。」

始于事親，道在於家；中于事君，道在天下；終于立身，道在百世。爲人子而道不著於家，爲人臣而道不著於天下，身殁而道不著於百世，則是未嘗有身也。未嘗有身，則是未嘗有親也。天子之事天，亦猶是矣。詩曰：「我其夙夜，畏天之威，于時保之。」（詩經周頌我將）保身之與保天下，其義一也。

「大雅云：『無念爾祖，聿修厥德。』」

德修則道立，道立則名成，君子之修德不爲名也。書曰：「七世之廟，可以觀德。」（尚書商書咸有一德）君子一不敬而墜七世之廟，毁傷一人而毁及百世之宗。詩曰：「商之孫子，其麗不億。上帝既命，侯于周服。」（詩經大雅文王）君子敬身如敬天。周家三世，皆有孝德，乃命于天。武王數紂之罪曰：「謂己有天命，謂敬不足行，謂祭無益，謂暴無傷。」（尚書周書泰誓中）其道正反，故君子修德，敬身之爲貴也。

右經第一章

孝經舊本凡十八章一千七百七十三字，所以埏埴五經，綱紀萬象也。石臺本皆依劉向所校、河間獻王得於顏芝者，獨標題差殊耳。近儒皆疑四孝俱有引詩，而庶人獨否，似有闕文。又「聿修」之義，大雅所告天子，「無忝」之詠，小宛以勗庶民，欲移大雅以發天子之端，推「無忝」以起庶民之例，於説亦通。然於首章文義未終，於過節發端多礙，小宛之賦雖通於庶人，「有慶」之義反疏於侯國。又考匡衡論政治疏中稱「聿修厥德」，孝經引爲首篇，則自〔一〕匡衡而上，韓嬰、疏廣皆然，不必劉向矣。凡孝經之義不爲庶人而發，其自舜、文而下，獨推周公，以愛敬爲道德之原，豫順爲禮樂之實，雖曾子論孝十章，未有能闡其意者。蓋曾子之微言授於子思，而中庸之精義發于孟子，游、夏之徒微分敬養，以弘禮樂之施，曲臺諸儒兼採質文，以收道德之委。至其精義，備在孝經，舜、文復起，無所復易也。劉炫繆以閨門之語，溷於聖經；朱子誤以聖人之訓，自分經傳，必拘五孝以發五詩，則厥失維均，去古愈遠矣。

〔一〕自，康熙本同，四庫本作「是」。

大傳第一

凡傳皆以釋經，必有旁引出入之言。孝經皆曾子所受夫子本語，不得自分經傳，而游、夏諸儒所記，曾子、孟子所傳，實爲此經羽翼，故復備採之，以溯淵源云。

子曰：「君子無不敬也，敬身爲大。身也者，親之枝也，敢不敬與？不能敬身，是傷其親；傷其親，是傷其本；傷其本，枝從而亡。」（禮記哀公問）

不敢毀傷，厚其本也，有子曰「君子務本」（論語學而），大學曰「其本亂而末治者否矣」。然則毀傷何謂也？曰：暴棄之謂也。孟子曰：「言非禮義，謂之自暴。吾身不能居仁由義，謂之自棄也。」（孟子離婁上）暴棄其身，則暴棄其親，膚髮雖存，有甚於毀傷者矣。詩曰：「各敬爾儀，天命不又。」（詩經小雅小宛）

子曰：「君子言不過辭，動不過則，百姓不命而敬恭。如是，則能敬其身；能敬其身，則能成其親矣。」（禮記哀公問）

言動不過，百姓敬恭。百姓之於君子，亦猶之膚髮也。君子以天下爲身體，百姓爲膚髮。怨惡生於下，則毀傷著於上；和睦無怨，則百體用康。周書曰：「若德裕乃身，不廢在王命。」（尚書周書康誥）又曰：「嗚呼！

小子封。恫瘝乃身，敬哉。」（尚書周書康誥）是之謂也。

子曰：「君子也者，人之成名也。百姓歸之名，謂之君子之子，是使其親爲君子也，是爲成其親之名也已。」（禮記哀公問）

親之愛子，不爲其身之名也，而子毀其名，則親傷其身。幽、厲之于文、武，有餘恫者矣。書曰：「恐人倚乃身，迂乃心。予迓續乃命于天。」（尚書周書盤庚）是先王之仁也。

子曰：「古之爲政，愛人爲大。不能愛人，不能有其身；不能有其身，不能安土；不能安土，不能樂天；不能樂天，不能成其身。」（禮記哀公問）

易曰：「樂天知命，故不憂。安土敦乎仁，故能愛。」（易傳系辭上）不安土，則不敦仁；不樂天，則不知命。不敦仁，不知命，不有人既，則有天刑。詩曰：「敬之敬之，天維顯思，命不易哉。無曰高高在上。」（詩經周頌敬之）所以教成身者也。

哀公問曰：「敢問何爲成身？」孔子對曰：「不過乎物。仁人不過乎物，孝子不過乎物。是故仁人之事親也如事天，事天如事親，是故孝子成身。」（禮記哀公問）

物者，天之所生也。天之生物，使之一本。身體、髮膚、家國、天下，皆物也，其本則皆性也。能盡其性，則能盡人之性；能盡人之性，則能盡物之性。三德六行修於身，三事六府修於外，不過乎物，不遠乎身，皆親也，則皆天也。天子事天，士庶事親，其本於誠敬，純一不已，則一也。子曰：「舜其大孝也與！德爲聖人，尊爲天子，富有四海之内。宗廟享之，子孫保之。故大德必得其位，必得其禄，必得其名，必得其壽。故天之生物，必因其材而篤焉。」（中庸）夫舜而有過物乎哉？舜亦成物而已。成物則成親，成親則成天，成天則成身，故如舜而後爲成身者也。

哀公曰：「敢問何貴乎天道也？」孔子對曰：「貴其不已。如日月東西相從而不已也，是天道也。不閉其久，是天道也。無爲而成，是天道也。已成而明，是天道也。」（禮記哀公問）

天道者何？誠之謂也。誠以成己，誠以成物。誠者，敬也。不敬則無終始，無終始則無物，無物則無親，無親則無天。詩曰：「天生蒸民，有物有則。」（詩經大雅烝民）中庸曰：「誠者自成也，而道自道也。誠者，物之終始，不誠無物。」仁人不過乎物，孝子不過乎物。敬以成始，敬以成終，日月東西起而相從。詩曰：「維天之命，於穆不已。於乎不顯，文王之德之純。」（詩經周頌維天之命）如文王，則所謂純孝者也。

公明儀問於曾子曰：「夫子可謂孝乎？」曾子曰：「是何言與！是何言與！君子之所謂孝者，先意承志，喻父母於道。參，直養者也，安能孝乎？身者，親之遺體也，行親之遺體，敢不敬乎？故居處不莊，非孝也。事君不忠，非孝也。莅官不敬，非孝也。朋友

不信，非孝也。戰陣無勇，非孝也。五者不遂，災及其身，敢不敬乎？」（禮記祭義）

曾子之告公明儀，亦猶夫子之告子游也。五者不遂，毀傷其身，五者而遂，亦毀傷其身，則曾子奚取之乎？曰：吾取其敬者而已。祭而受福，戰而必克，遜言危行，吾未見夫忠君勇戰而死者矣。死而無所毀傷，則猶之成身者也。曰：其道存焉爾。

曾子曰：「君子之所謂孝者，國人皆稱願焉，曰『幸哉！有子如此』，所謂孝也。父母既殁，慎行其身，不遺父母惡名，可謂能終也。夫仁者，仁此者也。義者，宜此者也。忠者，中此者也。信者，信此者也。禮者，體此者也。行者，行此者也。彊者，強此者也。樂自順此生，刑自反此作。」（禮記祭義）

七德者，皆敬也。慎行其身，不遺惡名，非惡其聲而然也。國人稱願「有子如此」，非要譽而爲之也。遠刑而近名，遠名而近刑，君子則皆不爲也。君子慎行而已，慎行則近於道矣。然則曾皙未爲不道也，而曾子自謂諭親未能，何也？曰：曾子，揚親者也。曾子以言行遜其親，先意承志，則有所未逮也。詩曰「教誨爾子，式穀似之」（詩經小雅小宛），曾子之謂也。

曾子曰：「君子旣之爲患，辱之爲畏，見善恐不得與焉，見不善恐其及己也，是故君子疑以終身。」（大戴禮記曾子立事）

立身行道，何疑之有？疑而後思，思而後有終。詩曰：「永言孝思，孝思維則。」（詩經大雅下武）

曾子曰：「言不遠身，言之主也；行不遠身，行之本也。言有主，行有本，謂之有聞矣。君子尊所聞，則高明矣；行所知，則廣大矣。高明廣大無它，在加之意而已矣。」（大戴禮記曾子疾病）

加意無它，曰：敬慎而已。君子之言如吹篪，其出之益細，則聞之益遠；行如集木，其處上愈高，則視下滋懼矣。毀傷之言，曾子歿身焉。曾子豈有近於刑名者乎？曰：吾之所知所聞，不過如此而已。

曾子曰：「人言不善而不違，近於說其言；說其言，殆於以身近之也；殆於以身近之，殆於身之矣。人言善而色葸焉，近於不說其言；不說其言，殆於以身近之也；殆於以身近之，殆於身之矣。」（大戴禮記曾子立事）

身於爲不善者，君子不入也。殆於不善，則亦幾殆矣。以是立身，猶未至於行道也，而道本諸身，恒必由之。書曰「乃奉其恫，汝悔身何及」（尚書周書盤庚），是曾子所謂終身守此悼悼也。

曾子曰：「孝子不登高，不履危，痺亦弗憑。不苟笑，不苟訾，隱不命，臨不指。居易俟命，不興險以儌幸。孝子游之，暴人違之。出門而使，不以或爲父母（憂也）。險途隘巷，不求先焉，以愛其身，不敢忘其親也。」（大戴禮記曾子本孝）

是猶未至於行道也，然不如是，不足以行道。君子不外道而求身，不外身而求道。孟子曰：「道在邇而求諸遠，事在易而求諸難。人人親其親、長其長而天下平。」（孟子離婁上）又曰：「孰不爲事？事親，事之本也。孰不爲守？守身，守之本也。」（孟子離婁上）故如是則可謂知本者矣。詩曰：「凡百君子，各敬爾身。胡不相畏，不畏于天。」（詩經小雅雨無正）敬親之與敬天，其致一也。

樂正子春曰：「吾聞之曾子，曾子聞諸夫子，曰：『天之所生，地之所養，人爲大矣。父母全而生之，子全而歸之，可謂孝矣。君子一舉足不敢忘父母，一出言不敢忘父母。一舉足不敢忘父母，故道而不徑，舟而不游，不以父母之遺體行殆。一出言不敢忘父母，是故惡言不出於口，忿言不及於己，然後不辱其身，不憂其親，則可謂孝矣。』」（禮記祭義）

是亦未至於行道也，然至於是而道不行者鮮矣。爲天子者，以天下全歸於天；爲諸侯者，以社稷全歸其祖；爲卿士者，以祿位全歸其君。一言一行，不忘其親，久而後成親，成親而後成天，成天而後成道。詩曰「成王不敢康，夙夜基命宥密」（詩經周頌昊天佑成命），是之謂也。

曾子曰：「草木以時伐焉，禽獸以時殺焉。吾聞諸夫子，斷一樹，殺一獸，不以其時，非孝也。」（大戴禮記曾子大孝）

夫如是，則可謂不毁傷者矣。不毁傷其身，以不毁傷萬物，不毁傷天下。虞書曰：「疇若予上下草木鳥獸。」（尚書虞書舜典）商書曰：「暨鳥獸魚鼈咸若。」（尚書商書伊訓）盡人盡物之性，參赞天地，則亦庶乎此也。孟子曰：「人皆有不忍人之心。先王有不忍人之心，斯有不忍人之政。以不忍人之心，行不忍人之政，治天下可運於掌上。」（孟子公孫丑上）故曰「天子者，天之孝子也」。孝子事親，仁人事天，不過乎物，則亦曰時而已。時者，天地所爲大順也。詩曰：「孔惠孔時，維其盡之，子子孫孫，勿替引之。」（詩經小雅楚茨）

右傳十四則

天子章第二

子曰：「愛親者，不敢惡於人。敬親者，不敢慢於人。愛敬盡於事親，而德教加於百姓，刑於四海。蓋天子之孝也。」

天子者，立天之心。立天之心，則以天視其親，以天下視其身。以天視親，以天下視身，則惡慢之端無由而至也。故愛敬者，禮樂之本，中和之所由立也。惡人以惡其親，慢人以慢其親，則雖庶人不爲也。夏書曰：「予視天下，愚夫愚婦，一能勝予，一人三失，怨豈在明？不見是圖。予臨兆民，凜乎若朽索之馭六馬，爲人上者，柰何不敬？」（尚書夏書五子之歌）敬者，愛之實也。愛敬盡於事親，而惡慢消於天下。惡慢不生，中和乃致，不言德教而德教盡於是。詩曰「惠于宗公，神罔是怨。神罔是恫，刑于寡妻。至于兄弟，以御于家邦」（詩經大雅思齊），是之謂也。

「甫刑云：『一人有慶，兆民賴之。』」

易曰：「來章有慶譽，吉。」（易經豐卦）慶、譽，皆孝也，皆福也。天子以孝事天，天以福報天子，兆民百姓則〔一〕其膚髮〔二〕也，又何不利之有？賈生曰：「三代之禮，天子春朝朝日，秋暮夕月，所以明有敬也；春秋入學，坐國老，執醬而親饋之，所以明有孝也；行以鸞和，步中采齊，趨中肆夏，所以明有度也；其於禽獸，見其生，不忍見其死，聞其聲，不忍食其肉，故〔三〕遠庖厨，所以長恩且明有仁也。食以禮，徹以樂。失度，則史書之，工誦之，三公進而讀之，宰夫減其饍，是天子不得爲非也。明堂之位曰：『篤仁而好學，多聞而道慎。天子疑則問，應而不窮者謂之道；道者，道天子以道者也，常立於前，是周公也。誠立而敢斷，輔善而相義者謂之充；充者，充天子之志也，常立於左，是太公也。潔廉而切直，匡過而諫邪者謂之弼；弼者，拂天子之過者也，常立於右，是召公也。博聞而強記，捷給而善對者謂之承；承者，承天子之遺忘者也，常立於後，是史佚也。』故成王中立而聽朝，則四聖維之，是以慮無失記而舉無過事。殷、周之所以長久者，以其輔翼天子，有此具也。及秦而不然，其俗固非貴辭讓也，所尚者告訐也〔四〕，固非貴禮義也，所尚者刑罰也。故趙高傅胡亥而教之獄，所習者非斬劓人，則夷〔五〕人之族也。故今日即位，而明日射人。忠諫者謂之誹謗，深計者謂之妖言，其視殺人若刈草菅。然豈胡亥之性惡哉？其所習道之者非其理故也。存亡之變，治亂之機，其要盡在是矣。天

〔一〕則，康熙本作「則」，四庫本作「皆」。
〔二〕膚髮，康熙本作「膚髮」，四庫本作「髮膚」。
〔三〕故，底本原作「胡」，據新書，從康熙本、四庫本改。
〔四〕「固非貴辭讓也，所尚告訐也」十一字，康熙本有，四庫本無。按新書有。
〔五〕夷，康熙本挖空作「□」，四庫本仍作「夷」。

下之命，縣於太子，太子之善，在於蚤諭教與選左右。夫胡越之人，生而同聲，嗜慾不異，及其長而成俗也，絫數譯而不能相通。臣故曰：『選左右、蚤諭教最急。』夫教得則左右正，左右正則太子正，太子正而天下定矣。書曰：『一人有慶，兆民賴之。』」（尚書周書呂刑）（新書卷五保傅）記曰：「一有〔二〕元良，萬邦以貞。」（禮記文王世子第八）賈生之言未及於教孝也，然於愛敬之義則近矣。

右經第二章

大傳第二

子曰：「立愛自親始，教民睦也。立敬自長始，教民順也。教以慈睦而民貴有親，教以敬長而民貴用命。孝以事親，順以聽命，錯諸天下，無所不行。」（禮記祭義）

商書曰「立愛惟親，立敬惟長。始於家邦，終於四海」（尚書商書伊訓），此愛敬之始教也。記曰「致愛則存，致愨則著。著存不忘乎心」（禮記祭義），此愛敬之本事也。聖人而以性教天下，則舍愛敬何以矣？愛敬者，禮樂之所從出也。以禮樂導民，民有不知其源；以愛敬導民，民乃不沿其流。故愛敬者，德教之本也。舍愛敬而

〔二〕有，康熙本、四庫本皆作「人」。按禮記「一有元良，萬國以貞」，尚書「一人元良，萬邦以貞」。

談德教，是霸主之術，非明王之務也。

孟子曰：「人之所不學而能者，其良能也；所不慮而知者，其良知也。孩提之童，無不知愛其親也；及其長也，無不知敬其兄也。親親，仁也；敬長，義也。無它，達之天下也。」（孟子盡心上）

仁義者，德教之目也；德教者，敬愛之目也。語其目，則有仁、義、禮、智、慈、惠、忠、信、恭、儉；語其本，則曰愛敬而已。天有五行，著於星辰，而日月爲之本。日是生敬，月是生愛，敬愛者，天地所爲日月也。治天下而不以愛敬，猶舍日月而行於晝夜也。然則孩提之童，有稍長而不知愛敬者，何也？曰：其習也，非性也。其所養之者非道也。賈生曰：「春秋之元，詩之關雎，禮之冠婚，易之乾坤，皆慎始敬終云耳素成〔一〕。謹〔二〕爲子孫婚嫁，必擇孝悌世世有行義者。如是則其子孫慈孝，無淫暴不善。故曰：『鳳凰生而有仁義之意，虎狼生而有貪戾之心。』兩者不等，各以其母。嗚呼！戒之哉！無養乳虎將傷天下。故曰『素成』，胎教之道。青史之記〔三〕曰：古者胎教之道，王后有身之七月而就蔞室。太師持銅而御户左，太宰持斗而御户右，太卜

〔一〕「素成」二字，康熙本有，四庫本無。按新書有。

〔二〕謹，康熙本同，四庫本作「故君子」。按新書爲「謹」。

〔三〕青史之記，康熙本同，四庫本作「青史記之」。按新書爲「青史氏之記」。

持蓍龜而御堂下，諸官皆以其職御於門内。此三月者，王后所求聲音非禮樂，則太師撫樂而稱不習；所求滋味非正味，則太宰荷斗而不敢煎調。太子生而泣，太師吹銅曰『聲中某律』，太宰曰『滋味上某』，太卜曰『命云某』。然後爲王太子懸弧者：東方之弧以梧，梧者，東方之草，春木也；其牲以雞，雞者，東方之牲也。南方之弧以柳，柳者，南方之草，夏木也；其牲以狗，狗者，南方之牲也。中央之弧以桑，桑者，中央之木也；其牲以牛，牛者，中央之牲也。西方之弧以棘，棘者，西方之草，秋木也；其牲以羊，羊者，西方之牲也。北方之弧以棗，棗者，北方之草，冬木也；其牲以彘，彘者，北方之牲也。五弧五分矢，四方皆三射。四弧具餘各二分矢，懸諸國四通門之左。中央之弧亦餘二矢，懸諸社稷門之左。然後卜王太子名，上毋取於天，下毋取於地，中毋取於名山通谷，毋悖於鄉俗，是故君子名難知而易諱也，此所以養息之道也。周后妃妊成王，立而不跛，坐而不差，笑而不喧，獨處而不倨，雖怒而不詈，胎教之謂也。成王生，仁者養之，孝者襁之，四賢傍之。成王有知，而前有與計後有與慮也。」（新書卷十胎教）若是則可謂豫，爲愛敬之至矣。故曰：知所以爲人子而後知所以爲人父也，知所以爲人弟而後知所以爲人兄也，知所以爲人臣而後知所以爲人君也。射者，各射己之鵠，亦本於此也。故不知教之義者，則亦不可以立性矣。

孟子曰：「愛人不親反其仁，治人不治反其智，禮人不答反其敬。行有不得者，皆反求諸己，其身正而天下歸之。」（孟子離婁上）

孟子曰：「君子之所以異於人者，以其存心也。君子以仁存心，以禮存心。仁者愛人，有禮者敬人。愛人者人恒愛之，敬人者人恒敬之。有人於此，其待我以横逆，君子必自反也，曰我必不仁，自反而仁矣。其横逆猶是也，君子必自反也，曰我必無禮也，自反而有禮矣。其横逆猶是也，曰我必不忠。是故君子有終身之憂，無一朝之患也。乃若所憂則有之：舜，人也；我，亦人也。舜爲法於天下，可傳於後世，我猶未免爲鄉人也，是則可憂也。憂之如何？如舜而已矣。」（孟子離婁下）夫舜非敬愛其親，不惡慢天下，而能使天下愛敬之如此乎？

孟子曰：「天下大悦而將歸己。視天下悦而歸己，猶草芥也，惟舜爲然。不得乎親，不可以爲人；不順乎親，不可以爲子。舜盡事親之道而瞽瞍厎豫，瞽瞍厎豫而天下化，瞽瞍厎豫而天下之爲父子者定。」（孟子離婁上）

古之以孝德而王天下者莫舜若也，舜之愛敬盡於事親，而德教加於百姓，刑於四海。自愛敬而外，舜亦無所事也，曰「以吾之愛敬，萃萬國之懽心」，若此而已。

修政之記曰：「帝舜曰：『吾盡吾敬以事吾上，故見爲忠焉；吾盡吾敬以接吾敵，故見爲信焉；吾盡吾敬以使吾下，故見爲愛焉。是以見愛親於天下之民，而見貴信於天下之君，故吾取之以敬也，吾得之以敬也。』」（新書卷九修正語上）

愛者，敬之情也；敬者，愛之志也。非志無情，非敬無愛，故以一敬而教忠、教順、教仁、教讓，是文王之學之所從出也。詩云：「穆穆文王，於緝熙敬止。」（詩經大雅文王）子曰：「爲人君，止於仁；爲人臣，止於敬；爲人父，止於慈；爲人子，止於孝；與國人交，止於信。」（大學）文王之五止，則自敬始也。文王爲世子，朝于王季，日三。雞初鳴而衣服，至於寢門之外，問内豎曰：「今日安否？」内豎曰：「安。」文王乃喜。日中至，如之。日莫至，亦如之。有不安節，内豎以告文王。色憂，行不能正履。王季復膳，然後復初。食上，必在寒煖之節；食下，問所膳，命膳宰曰：「末原。」應：「諾。」然後退。（禮記文王世子）文王之卑服、田功，懷保小民，惠鮮鰥寡，亦猶此志也。文王以其敬而爲人君，故見爲仁焉；以其敬而爲人父，故見爲慈焉；以其敬而接國人，故見爲信焉。故文王者，得大舜之志者也。然則孝經之稱周公，不稱大舜，何也？曰：舜，君道也，天道也；周公，臣道也，子道也，弟道也。周公於臣弟益二[二]焉，故尊舜而親周公。然則舜之饗宗廟，保子孫，何也？曰：郊廟異義，國、天下異制，以聖人視之，法於天下，垂於後世與！郊，父傳子者，蓋未有以異也。故文王者得大舜之志，周公者得大舜之事也。

子言之：「君子之所謂義者，貴賤皆有事於天下。天子親耕粢盛、秬鬯以事上帝，故諸侯勤以輔事天子。」（禮記表記）

〔二〕益二，康熙本同，四庫本作「兼盡」。

然則天子親耕粢盛亦自舜始與？曰：郊禘之義皆不自舜始也，耕藉、視學，蓋亦猶是矣。凡惡慢之生，皆生於無事，有事而後愛敬生。愛敬之始事，爲天子耕藉田、王后織玄紞，夫婦有事以致孝於天地、宗廟，及其終事，諸侯大夫合愛合敬以薦助天子，於是有朝聘、燕享、貴貴、老老、長長、幼幼之務。故言愛敬之典者，必始於耕藉，中於齒胄，終於養老。詩曰「假以溢我，我其收之。駿惠我文王，曾孫篤之」（詩經周頌維天之命），是孝經之行事與春秋俱始也。

昔者天子爲藉田千畝，冕而朱紘，躬秉耒，諸侯爲藉百畝，冕而青紘，躬秉耒，以事天地、山川、社稷、先古，以爲醴酪粢盛，於是乎取之，敬之至也。（禮記祭義）

天子耕其藉田，三推一墢，諸侯而下，以次加等，庶人終之。自是天子不賤五穀，不多取田賦，不惡慢胼胝之士，謂是天地、山川、社稷、先古之手澤力食存焉耳。

昔者天子、諸侯必有養獸之官。及歲時，齊戒沐浴而躬朝之，犧牷祭牲必於是取之。君召牛，納而視之，擇毛而卜之，吉，然後養之。君皮弁素積，朔月、月半巡牲，所以致力，孝之至也。（禮記祭義）

天子、諸侯皆躬視牲巡，擇卜吉。自是天子不濫取禽獸，知萬物嘉惡登耗，不惡慢川虞林麓之士，謂是天地、山川、社稷、先古之歆享孳育存焉耳。

昔者天子、諸侯必有公桑、蠶室，近川而爲之，築宫，仞有三尺，棘墻而外閉之。大昕之朝，君皮弁素積，卜三宫夫人、世婦之吉者，入蠶室，奉種浴于川，桑于公桑，風戾以食之。歲單，世婦卒蠶，奉繭以告于君，遂獻繭于夫人。夫人副禕受之，少牢以禮之。及良日，夫人繅，三盆手，遂布于三宫夫人、世婦之吉者，使繅。遂朱綠玄黄之，以爲黼黻文章。服既成，君服以祀先王、先公，敬之至也。（禮記祭義）

王后、夫人皆躬蠶桑、紝織、紘綖，以供祭服。自是天子知杼軸艱難，女紅勞勩，不敢惡慢韋布麻枲之士，謂是天地、山川、社稷、先古之服物章采存焉耳。

卜郊，受命於祖廟，作龜於禰宫，尊祖親考之義也。卜之日，王立於澤，親聽誓命，受教諫之義也。郊之祭也，喪者不敢哭，凶服者不敢入國門，敬之至也。（禮記郊特牲）

天子以天事其親，諸侯不敢祖天子，大夫不敢祖諸侯，恐有踰等，以惡慢其上。天子又推天親之意，以敬禮其諸侯、大夫，曰是皆天之所生，親之所命者，因之以爲燕享勞與。故自庶人而上，亦皆有享帝享親之意，是分天子之慶譽者也。

祭之日，君牽牲，穆答君，卿大夫序從。既入廟門，麗于碑；卿大夫袒，而毛牛尚耳；鸞刀以刲，取膟膋，乃退；爓祭，祭腥而退，敬之至也。（禮記祭義）

天子致愛其親，則致敬於物，親射牲，袒割。詩曰：「維羊維牛，維天其右之。」（詩經周頌我將）又曰：「自堂徂基，自羊徂牛，鼐鼎及鼒，夫以爲牛羊，則何貴之有以。」（詩經周頌絲衣）謂是天子所躬射、袒割、巡禮而致之，則是其愛敬也至矣。詩曰：「執其鸞刀，以啟其毛，取其血膋。」（詩經小雅信南山）是非獨卿大夫之事也。蓋自是天子而下，庶民而上，無有惡慢及於禽獸者。

天子巡狩，諸侯待于竟，天子先見百年者。八十、九十者東行，西行者弗敢過；西行，東行者弗敢過。欲言政者，君就之可也。（禮記祭義）

天子愛親，則愛其近於親者；敬親，則敬其近於親者。耄悼不刑，七十而上有過則微矣，雖多忘則亦聞知矣，且其子姓多在也。天子而有惡慢，不使老者見之，蓋自是諸侯、卿大夫無有惡慢及於煢寡者。

天子設四學，當入學而太子齒。食三老、五更於太學，天子袒而割牲，執醬而饋，執爵而酳，冕而總干，立於舞位。（禮記祭義）

天子謂不逮養其親也，而養三老五更，曰使天下皆養其親，則是天子之養其親也。天子既養其老，則太子必齒其胄，齒胄者，更老之始也。詩曰「維桑與梓，必恭敬止。靡瞻非父，靡依非母」（詩經小雅小弁），是之謂也。

凡三王養老，皆引年。八十者一子不從政，九十者其家不從政，瞽亦如之。凡父母在，子雖老不坐。有虞氏養國老于上庠，養庶老于下庠；夏后氏養國老于東序，養庶老于西序；殷人養國老於右學，養庶老於左學；周人養國老於東膠，養庶老於虞庠，虞庠在國之西郊。（禮記王制）

國老、庶老皆老也。文王善養，天下皆歸之，謂其有敬愛之實焉。武王數紂之罪，曰力行無度、播棄黎老，謂其有惡慢之實焉。惡慢及於一人，則怨恫起於百姓。微子曰：「乃罔畏畏，咈其耇長。」（尚書商書微子）殷、周之間治亂之所由分也，可不慎乎？

昔者有虞氏貴德而尚齒，夏后氏貴爵而尚齒，殷人貴富而尚齒，周人貴親而尚齒。虞、夏、殷、周，天下之盛王也，未有遺年者。年之貴乎天下久矣，次乎事親者也。（禮記祭義）

天子而致力於事親，則舍養老何舉乎？天子負扆而立，先朝之公卿則多耄年者矣，其大夫士則多耆艾者也。而天子以惡慢獨聞，將敬其所敬，而愛其所愛，則先世之臣無有存者入廟，愾然何以事其親？大雅之終篇曰：「嗚呼哀哉！維今之人，不尚有舊。」（詩經大雅召旻）

凡養老，五帝憲，三王有乞言。五帝憲，養氣體而不乞言，有善，則記之爲惇史。三王亦憲，既養老而後乞言，亦微其禮，皆有惇史。（禮記內則）

乞言之禮微，謂不敢以煩長者也，不敢以煩長者，而猶且乞之，敬之至也。霸者之乞言，猶曰毋使吾君得罪於群臣百姓，而況於王者乎？詩曰：「雖無老成人，尚有典刑。」（詩經大雅召旻）板之詩曰：「匪我言耄，爾用憂謔。」（詩經大雅板）周書曰：「法人維重老，重老維寶。」（逸周書卷四大匡解）

曾子曰：「孝子之養老也，樂其心不違其志，樂其耳目，安其寢處，以其飲食忠養之，孝子之身終。是故父母之所愛亦愛之，父母之所敬亦敬之，至於犬馬盡然，而況人乎？」（禮記內則）

養老之於養親，一也。中庸曰：「敬其所尊，愛其所親，事死如事生，事亡如事存，孝之至也。」夫父母所敬愛，敬愛之。其不可敬愛，如之何？曰：不敢惡慢焉已矣。曾子曰：「可人也，吾任其過；不可人也，吾辭其戳。」（大戴禮記曾子立孝）又曰：「父母歿，將爲善，思貽父母令名，必果；將爲不善，思貽父母羞辱，必不果。」（禮記內則）孝子之愛敬亦貽親以令也，焉有不令而貽其親者乎？詩曰：「媚兹一人，應侯順德，永言孝思，昭哉嗣服。」（詩經大雅下武）

右傳十六則

諸侯章第三

「在上不驕，高而不危。制節謹度，滿而不溢。高而不危，所以長守貴也。滿而不溢，所以長守富也。富貴不離其身，然後能保其社稷而和其人民。蓋諸侯之孝也。」

諸侯受命于天子，天子受命於天，故天子之於天，諸侯之於天子，其事之皆如子之事親也。周頌曰「來見辟王，曰求厥章」（詩經周頌載見），言其制度出於天子，非諸侯所得自與也。夫以天子不敢惡慢於人，以諸侯而驕溢，則既適隨之矣。諸侯之有耕藉、蠶桑、泮宮、庠序、宗廟、社稷、人民，道皆侔於天子，其稍殺者，謹節之耳。諸侯而不謹節，猶支庶子之僭濫於父祖也。商頌曰「不僭不濫，不敢怠遑」（詩經商頌殷武），是則庶乎可言愛敬〔一〕者矣。

「詩云：『戰戰兢兢，如臨深淵，如履薄冰。』」（詩經小雅小旻）

甚矣！諸侯之危也。爲人子而負驕寵，又遠於膝下，則其危也不亦宜乎？故臨淵履薄者，諸侯之學無以

〔一〕愛敬，康熙本同，四庫本作「敬愛」。

異於曾氏之學也。曾子曰：「殺六畜不當，及其親，吾信之矣；使民不以時，失國，吾信之矣。」（大戴禮記曾子制言）殺六畜不當，及親，則是世無可殺者也；使民不以時，失國，則是世無可使者也。刀鋸不敢加於六畜，鞭朴〔一〕不敢加於徒役，則是無以國也。無以國而猶得保和之業，謂是天子之所宥也。商頌曰「歲事來辟，勿予禍適，稼穡非懈」（詩經商頌殷武），是之謂也。

右經第三章

大傳第三

諸侯之於天子也，比年一小聘，三年一大聘，五年一朝。天子五年一巡守。歲二月，東巡守，至於岱宗，柴而望祀山川，覲諸侯，問百年者就見之。命太師陳詩，以觀民風；命市納賈，以觀民之好惡，志淫好辟；命典禮，考時、月，定日，同律量，禮樂、制度、衣服以正之。山川神祇有不舉者爲不敬，不敬者君削以地。宗廟有不順者爲不孝，不孝者

〔一〕鞭朴，康熙本作「鞭朴」，四庫本作「鞭扑」。「鞭朴」亦作「鞭扑」，指用作刑具鞭子與棍棒，亦指用鞭子與棍棒抽打。

君絀以爵。變禮易樂者爲不從，不從者君流。革制度衣服者爲畔，畔者君討。有功德於民者，加地進律。五月，南巡守，至於南嶽，如東巡守之禮。八月，西巡守，至於西嶽，如南巡守之禮。十有一月，北巡守，至於北嶽，如西巡守之禮。歸假於祖廟，用特。（禮記王制）

不敬、不孝、不順，天子所以致諸侯之討也。天子五年一巡守，諸侯將修其文以蓋其實，或善事天子之左右，内交于鄰國，則天子如之何？曰：其文之弊不勝其質之著也。其君有驕志者，則必有驕色；有溢志者，必有溢態。驕志溢態達於面目，見於其左右近習，著於田疇城郭，雖十襲之，固莫掩也。且其權度、衡量〔一〕、貢賦、章物先告之矣，而又有旱乾、水溢、勤民、不勤民之務著於謡謞、別於訟獄，其社稷宗廟實載以白於天子，故諸侯莫之掩也。且使其可以文著，則亦與爲文焉耳。文質之間，天子所自反也。頌曰「無封靡于爾邦，維王其崇之」（詩經周頌烈文），康誥曰「往盡乃心，無康好逸豫」（尚書周書康誥），是則天子所自爲愛敬也。天子自爲愛敬而諸侯敢於驕溢，未之有也。

天子將出，類乎上帝，宜乎社，造乎禰。諸侯將出，宜于社，造于禰。（禮記王制）孔子曰：「諸侯適天子，必告于祖，奠于禰。冕而出視朝，命祝史告于社稷、宗廟、山川。乃命國家五官而後行，

〔一〕權度、衡量，康熙本同，四庫本作「權衡、量度」。

道而出，告者五日而徧，過是非禮也。凡告用牲、幣，反亦如之。諸侯相見，必告於禰，朝服而出視朝。命祝史告於五廟、所過山川。亦命國家五官，道而出。反必親告于祖禰，乃命祝史告至於前所告者，而後聽朝而入。」（禮記曾子問）

諸侯無故不出疆，謂有宗廟社稷之世守存焉。朝于天子，與諸侯相見，則既有辭矣。觀魚、觀社、會婦人，則何以命之？爲祝史者不已難乎？然則魯之祝史無有執者，何也？曰：終春秋之世，兩如京師，皆非正朝也。而諸侯盟會[二]，歲或四五，所過山川，亦曰予知之矣。愛其所愛，敬其所敬。愛非其所親，敬非其所尊，天子不得而慶，讓之也。春秋書公至自外者，五十有九，始于唐，中於戚，終於黄池；傷於桓，危於成，衰於昭。其未至也，未嘗不汲汲之；其至也，未嘗不幾喜之，謂其出而無可告於天子，反而不可告於祖禰也。且使其五官疲焉，不知所從事，則亦爲天子失柄者之過矣。

天子賜諸侯樂，則以柷將之；賜伯子男樂，則以鼗將之。諸侯賜弓矢，然後征；賜鈇鉞，然後殺；賜圭瓚，然後爲鬯。未賜圭瓚，則資鬯於天子。天子命之教，然後爲學。小學在公宮南之左，大學在郊。天子曰辟雍，諸侯曰頖宮。（禮記王制）

[二] 盟會，康熙本同，四庫本作「會盟」。

頖宮之禮有以異於辟雍乎？曰：其釋奠於先老、老師〔一〕，齒胄、弦誦，合語、合樂，養老、養幼，一也，而憲、乞異典矣。詩曰「載色載笑，匪怒伊教」（詩經魯頌泮水），又曰「無小無大，從公于邁」（詩經魯頌泮水），是頖宮慈而辟雍嚴也。諸侯之於天子，亦猶母之於父也。將命以柷、以敔何也？柷，終也；敔，始也。分天子之養敬，爲四海之終始，或曰柷從重節制之義也，敔從輕鼓舞之意〔二〕也。

天子諸侯無事，則歲三田：一爲乾豆，二爲賓客，三爲充君之庖。無事而不田曰不敬，田不以禮曰暴天物。天子不合圍，諸侯不掩群。天子殺則下大綏，諸侯殺則下小綏，大夫殺則止佐車。佐車止則百姓田獵。（禮記王制）

諸侯無故不殺牛，大夫無故不殺羊，士無故不殺犬、豕，庶人無故不食珍，凡所以〔三〕防人之驕危也。一歲三田，以習戎事。軍、賓、吉、凶，四禮合舉，則在於田也，田以殺而禦殺。自四學而外，三田爲大。訊馘之告於學，則辟頖同義也。

子曰：「道千乘之國，敬事而信，節用而愛人，使民以時。」（論語學而）

〔一〕先師，底本原作「老師」，從康熙本、四庫本改。按禮記文王世子載「凡学，春官释奠于其先师，秋冬亦如之」。
〔二〕意，康熙本同，四庫本作「義」。
〔三〕「以」字，底本原無，從康熙本、四庫本補。

其事則天子之事，其用則宗廟、社稷、山川之用，其人民則猶先君之人民也，而諸侯無創焉。夫稱南面而常若子姓者，其惟諸侯乎？孟子曰：「諸侯危社稷，則變置。犧牲既成，粢盛既潔，祭祀以時，然而旱乾水溢，則變置社稷。」（孟子盡心下）遺老失賢，掊克在位，雖成犧牲、潔粢盛，無以辭於水旱，而獨以水旱咎之社稷，何也？曰：是猶子之事親也，無所改於怨怒而遠其居室，變其飲食，是亦一道也，則甚矣爲諸侯之危也。以社稷事君，又以社稷事天，非極其愛敬而能保有此乎？孟子曰：「諸侯之寶三：土地、人民、政事。寶珠玉者，殃必及身。」（孟子盡心下）土地、人民、政事，則天子先君之遺也，珠玉則非天子先君之遺也，雖遺之，而愛敬之義不在也。故曰「君子之所異於人者，以其存心也。君子以仁存心，以禮存心。仁者愛人，有禮者敬人」（孟子離婁下），是亦天子之志也。詩曰「維其有章矣，是以有慶矣」（詩經小雅裳裳者華），是亦孝子之事也。孟子曰：「仁則榮，不仁則辱。今惡辱而居不仁，是猶惡濕而居下也。如惡之，莫如貴德而尊士。賢者在位，能者在職。國家閒暇，及是時，明其政刑。雖大國，必畏之矣。」（孟子公孫丑上）貴德尊士，謂不惡慢於人者也，不惡慢於人而後能尊賢，而後能使能。孝經之義未至於[一]官人也，以謂不愛不敬，雖官人而有惡慢者存焉，非仁人而能愛敬如此乎？孟子曰：「萬乘之國弑其君者，必千乘之家；千乘之國弑其君者，必百乘之家。萬取千焉，千取百焉，不爲不多矣。苟爲後義而先利，不奪不饜。未有仁而遺其親者也，未有義而後其君者也。」

[一]「於」字，康熙本有，四庫本無。

（孟子梁惠王上）仁者，愛之質也；義者，敬之質也。重仁義而輕富貴，則愛敬之心殷；重富貴而輕仁義，則弑逆之釁著矣。然則富貴不離其身，何謂也？曰：身者，父母之身也。諸侯之富貴，則其父母之仁也。以父母之仁，仁父母之身，於諸侯奚有焉？故不驕不溢，君子之所貴也。

子曰：「貧而好樂，富而好禮。衆而以寧者，天下其幾矣。詩云：『民之貪亂，寧爲荼毒。』故制國不過千乘，都城不過百雉，家富不過百乘。以此坊民，諸侯猶有畔者。」（禮記坊記）

天下之畔亂，則皆富貴之過也。見夫茹蔬躡蹻而與簒弑者，凡幾哉！富貴而後驕溢，驕溢而後壞坊。子曰：「丘也聞有國有家者，不患寡而患不均，不患貧而患不安。蓋均無貧，和無寡，安無傾。」（論語季氏）故和順者，國家之福也。書曰：「和恒四方民，居師。」（尚書周書洛誥）和恒則愛敬，愛敬而時雍之化可冀也。

子曰：「天無二日，民無二王，家無二主，尊無二上，示民有君臣之别也。春秋不稱楚、越之王喪。禮，君不稱天，大夫不稱君，恐民之惑也。」（禮記坊記）

爲諸侯而僭天子，爲大夫而僭諸侯，惡慢長而愛敬衰。易曰：「履霜，堅冰至。」（易經坤卦）子曰：「臣弑其君，子弑其父，非一朝一夕之故，其所由來者漸矣，由辨之不蚤辨也。」（易傳坤卦文言）蚤辨之，非大順而能之乎？易初爲元士，二爲大夫，三爲諸侯。日大昕爲大夫，食時爲諸侯，日中爲天子。古之仁人孝子則必有辨於此者矣。

子曰：「下之事上也，雖有庇民之大德，不敢有君民之心，仁之厚也。是故君子恭儉以求役仁，信讓以求役禮。不自尚其事，不自尊其身，儉於位而寡於欲，讓於賢，卑己而尊人，小心而畏義，求以事君，得之自是，不得自是，以聽天命。詩云：『莫莫葛藟，施於條枚，豈弟君子，求福不回。』其舜、禹、文王、周公之謂與？有君民之大德，有事君之小心。」（禮記表記）

舜、禹、文王、周公則可以爲孝矣。如舜、禹、文王、周公之孝，則可爲諸侯師矣。皇矣之詩曰：「維此四國，爰究爰度。上帝耆之，增其式廓。」夫上帝之選子甚於天子諸侯之選子也，而謂諸侯可以不學者已乎？

右傳八則

卿大夫章第四

「非先王之法服不敢服，非先王之法言不敢道，非先王之德行不敢行。」

服者，言行之先見者也。未聽其言，未察其行，見其服而其志可知也。仁人孝子，一舉足不忘父母，一發言不忘父母，由父母而師先王。故有父之親，有君之尊，有師之嚴，雖不言法而法見焉。孟子曰：「子服堯之服，誦堯之言，行堯之行，是堯而已矣。子服桀之服，誦桀之言，行桀之行，是桀而已矣。」（孟子告子下）夫非先王之車服、言行而敢於服之不疑，非桀、紂而敢如此乎？詩曰：「心之憂矣，於我歸說。」（詩經曹風蜉蝣）

「是故非法不言，非道不行。口無擇言，身無擇行。言滿天下無口過，行滿天下無怨惡。二一〔二〕者備矣，然後能守其宗廟。蓋卿大夫之孝也。」

言而後世法之曰法，行而天下由之曰道。孟子曰「舜爲法於天下，可傳於後世」（孟子離婁下），夫豈有它，

〔二〕二，康熙本、四庫本皆作「三」。通行本孝經一般作「三」。以黄道周孝經集傳分章作傳，因文爲「二」，專言「言」「行」二者，亦不爲不可也，故保留底本原貌。

曰孝而已。孝子終日言不在尤之中，終日行亦不在悔之中也。子曰「言寡尤，行寡悔，禄在其中矣」（論語爲政），無它，慎之也。詩曰「豈弟君子，干禄豈弟」（詩經大雅旱麓），蓋其慎也。易曰：「言行，君子之所以動天地也，可不慎乎！」（易傳系辭上）

「詩云：『夙夜匪解，以事一人。』」

卿大夫之事天子，亦猶之事其親也，而尊嚴倍之矣。諸侯處優，而卿大夫處劇。公侯之得失，邦國之治不治，天子不責於諸侯，而責於卿大夫。故卿大夫之愛敬合於天下，而後致於天子。非仲山甫則未可語此也。

右經第四章

大傳第四

子曰：「君子之道四，丘未能一焉：所求乎子以事父，未能也；所求乎臣以事君，未能也；所求乎弟以事兄，未能也；所求乎朋友先施之，未能也。庸德之行，庸言之謹，有所不足，不敢不勉，有餘不敢盡；言顧行，行顧言，君子胡不慥慥爾！」（中庸）

甚矣！仁人孝子之多所不敢也。行孝而不敢言孝，則不敢言人之不孝者；行仁而不敢言仁，則不敢言人之不仁者。然則君子皆無所敢乎？曰：敢於爲仁孝而已。身爲之而口不復言之，故少過於己而寡怨於人。然則伯夷、叔齊之言行不及泰伯、仲雍與？曰：其仁孝則一也。天下之於夷、齊，何惡之有？詩曰「在彼無惡，在此無斁。庶幾夙夜，以永終譽」（詩經周頌振鷺），夷、齊之謂也。夫夷、齊而有不顧之言行者乎？雖無宗廟，不毁其身。

子曰：「仁之難成久矣，惟君子能之。君子不以所能者病人，不以人所不能者愧人。是故聖人之制行也，不制以己，使民有所勸勉愧恥，以行其言。是故君子服其服則文以君子之容，有其容則文以君子之辭，遂其辭則實以君子之德。君子恥服其服而無其容，恥有其容而無其辭，恥有其辭而無其德，恥有其德而無其行。」（禮記表記）

夫是則有恥矣，可以言孝乎？有恥而不可言孝，則是孝者負恥也。子貢曰：「不學其貌，竟其德，敦其言，於人也，無所不信，其橋大人也[一]，常以皓皓，是以眉壽，是曾参之行也。」（大戴禮記衛將軍文子）夫曾子壹至於此乎？天下有道，則卿大夫之選也。

子曰：「長民者衣服不貳，從容有常，以齊其民，則民德壹。詩云：『彼都人士，狐

[一]「不學其貌，竟其德，敦其言，於人也，無所不信，其橋大人也」，康熙本作「不學其貌，竟其德，敦其言，於人也，無所不信，其接夫人也」，四庫本作「博無不學，其貌恭，其德敦，其言於人也，無所不信，其接夫人也」。按大戴禮記同底本。

裘黄黄。其容不改，出言有章。行歸於周，萬民所望。』」子曰：「爲上可望而知也，爲下可述而志也，則君不疑於臣，臣不惑於其君。伊誥曰：『惟尹躬及湯，咸有一德。』」（禮記緇衣）

夫是則有恒矣，可以言孝乎？有恒而不可言孝，則是孝無恒也。易曰：「風自火出，家人；君子以言有物，而行有恒。」（易傳家人卦）仁人孝子不過乎物，則是有恒之物也。子貢曰：「夙興夜寐，諷誦崇禮，行不貳過，稱言不苟，是顔淵之行也。在貧如客，使其臣如藉，不遷怒，不探怨，不録舊罪，是冉雍之行也。」（大戴禮記衛將軍文子）夫顔、冉之行壹，至於此乎！天下有道，則卿大夫之選也。

子曰：「王言如絲，其出如綸；王言如綸，其出如綍。故大人不倡游言。可言也，不可行，君子弗言也；可行也，不可言，君子弗行也。則民言不危行，而行不危言矣。詩云：『淑慎爾止，不諐于儀。』」（禮記緇衣）

夫是則淑慎矣，可以言孝乎？而見夫孝不淑慎者乎？人臣而爲王者之言，傳之百世，行之四方，禮樂以成，兵戎以興，上下相危，則既亂難乎。詩曰：「肅肅王命，仲山甫將之，邦國若否，仲山甫明之。」（詩經大雅烝民）子貢曰：「學以深，厲以斷，送迎必敬，上友下交，銀手如斷，是卜商之行也。」（大戴禮記衛將軍文子）夫卜商則亦從事於此矣，使之執筆，故其德可頌也。夫謂孝子之言倡游者乎？

子曰：「苟有車，必見其軾；苟有衣，必見其敝；人苟或言之，必聞其聲；苟或行之，必見其成。」（禮記緇衣）

夫是，則庶乎无妄矣。无妄可以言孝乎？而見夫孝子多妄者乎？虞書曰：「敷奏以言，明庶以功，車服以庸。」（尚書虞書舜典）言、功、車服相稽而生，所謂法也。子貢曰：「先成其慮，及事而用之，是故不忘〔一〕。子言之『欲能則學，欲知則問，欲善則訊，欲給則豫』，是言偃之行也。」（大戴禮記衛將軍文子）此五君子者，聖門所謂孝子也，一未遇明主也。

子曰：「言從而行之，則言不可飾也；行從而言之，則行不可飾也。故君子寡言而行以成其信，則民不得大其美而小其惡。詩曰：『允矣君子，展也大成。』」（禮記緇衣）

夫是，則庶乎成信矣，成信可以言孝乎？夫道至於成信而止矣。子言之「畏天而敬人，服義而行信，孝乎父而恭乎兄，好從善而斅徃，蓋趙文子之行也。其事君也，不敢愛其死，然亦不亡其身，謀其身不遺其友，陳則進，不陳則退，蓋隨武子之行也。其爲人之淵泉也，多聞而難誕也，不内辭，足以殁世，國有道，其言足以生，國無道，其默足以成，蓋桐提伯華之行也」（大戴禮記衛將軍文子），是三君子者，則嘗爲卿士大夫矣。孝經之

〔一〕 忘，康熙本同，四庫本作「妄」。按大戴禮記爲「忘」。

義未至於退默也，而隨會、伯華皆有之，蓋猶之不毁傷之志也，是聖人之所貴也。

曾子曰：「君子博學而孱守之，微言而篤行之，行必先人，言必後人，君子終身守此悒悒。行無求數有名，事無求數有成，身言之，後人揚之，身行之，後人秉之，君子終身守此憚憚。君子不絶小，不殄微也，行自微也，不微人，人知之則願也，人不知苟吾自知也，君子終身守此勿勿[二]。君子見利思辱，見惡思詬，嗜慾思耻，忿怒思患，君子終身守此戰戰[三]。」（大戴禮記曾子立事）

君子有此四守者，以守其宗廟，則保家之令主也。使己無微過，則易使人無微過，則難身免於患，而後可以圖國家之憂。子言之「外寬而内直，自設於隱括之中，直己而不直人，以善存，亡汲汲，蓋蘧伯玉之行也。」（大戴禮記衛將軍文子）蘧伯玉未至於爲治也，然亦可以爲孝矣。

曾子曰：「君子慮勝氣，思而後動，論而後行。行必思言之，言必思復之，復之必思無悔，亦可謂慎矣。人信其言，從之以行，人信其行，從之以復，復宜其類，類宜其年，

[二]「勿」字後，康熙本、四庫本皆有「也」。按大戴禮記有。
[三]「戰」字後，康熙本、四庫本皆有「也」。按大戴禮記有。

亦可謂外内合矣。」（大戴禮記曾子立事）

君子之言信於家，則行信於國。家國之言行，各以類合。易曰：「父父、子子，兄兄、弟弟，夫夫、婦婦。」（易傳家人卦）詩曰「其類維何，室家之壼。君子萬年，永錫祚胤」（詩經大雅既醉），是衛武公之行也。衛武公爲周卿士，九十矣，而猶以言行自抑。子貢曰：「獨居思仁，公言言義，三復白圭，是南宮縚之行也。」（大戴禮記衛將軍文子）夫子信其仁，以爲異姓[一]，則謂南宮縚錫類者乎？

曾子曰：「君子己善，亦樂人之善也；己能，亦樂人之能也；己雖不能，亦不以援人。君子好人之爲善，而弗趣也；惡人之爲不善，而弗疾也。君子不先人以惡，不疑人以不信，不説人之過，成人之美。義則有常，善則有隣。苟有德焉，不求盈於人。君子不絶人之歡，不盡人之禮。來者不豫，徃者不慎，去之不謗，就之不賂，亦可謂忠矣。君子恭而不難，安而不舒，遜而不諂，寬而不縱，惠而不儉，直而不徑，亦可謂知矣。」（大戴禮記曾子立事）

君子不如是，則其言行有擇，有擇則有過，有過則怨惡莫之免也。夫其爲道已多矣！爲忠莫如恕，爲知莫如慎，能恕以慎，又何多救[二]之有乎？子貢曰：「高柴執親之喪，夫子以爲難能也。開蟄不殺，則天道也；方長

[一] 以爲異姓，康熙本同，四庫本作「妻以兄子」。
[二] 救，康熙本同，四庫本作「求」。

不折，則恕也。恕則仁也，湯敬以恕，故曰躋。」（大戴禮記衛將軍文子）夫有日躋之君子以爲公卿，不亦可乎？

曾子曰：「君子亂言弗殖，神言弗致也。衆信弗主，靈言弗與，人言不信不和，不唱流言，不拆辭，不陳人以所能。言必有主，行必有法，親人必有方。多知而無親，博學而無方，好多而無定者，君子弗與也。君子多知而擇焉，博學而算焉，多言而慎焉。博學而無行，進給而不讓，好直而徑，儉而好僿[一]者，君子弗與也。夸而無耻，彊而無憚，好勇而忍人者，君子弗與也。亟達而無守，好名而無體，忿怒而爲惡，足恭而口聖，而無常位，巧言令色，能小行而篤，君子弗與也。」（大戴禮記曾子立事）

夫是，則君子多所弗與者矣。多所弗與而免於怨惡者，何也？多與則多累，多累則多氄。言行滿於天下，尤悔亦滿於天下。君子有擇於人，而後無擇於身。詩曰「薄污我私，薄澣我衣。害澣害否」（詩經周南葛覃），蓋言擇也；「采采芣苢，薄言采之。采采芣苢，薄言有之」（詩經周南芣苢），言無擇也。甫刑曰：「敬忌而罔有，擇言在躬。」夫非仲山甫、衛武公而能如此乎？如仲山甫、衛武公之爲卿士，則可與言孝者矣。

右傳十則

〔一〕僿，康熙本作「偓」，四庫本作「倥」。按大戴禮記同康熙本，阮元云「宋以前本作『僿』也」。

士章第五

「資於事父以事母而愛同，資於事父以事君而敬同。故母取其愛，而君取其敬，兼之者父也。故以孝事君則忠，以敬事長則順。忠順不失，以事其上，然後能保其祿位，而守其祭祀。蓋士之孝也。」

父則天也，母則地也，君則日也，受氣於天，受形於地，取精於日，此三者，人之所由生也。地亦受氣於天，日亦取精於天，此二者，人之所原始反本也。故事君事母皆資於父，履地就日皆資於天。二資者，學問所由始也。子曰：「厚於仁者薄於義，親而不尊；厚於義者薄於仁，尊而不親。」（禮記表記）母親而不尊，君尊而不親。以父教愛，而親母之愛及於天下；以父教敬，而尊君之敬及於天下。故父者，人之師也，教愛、教敬、教忠、教順，皆於父焉取之。因父以及師，因師以及長，愛敬忠順不出於家，而行著於天下。周公曰：「文王，我師也。」周公豈欺我哉！

「詩云：『夙興夜寐，無忝爾所生。』」

蓋言學也。孝不待學，而非學則無以孝；無以孝，亦無以教也。記曰：「發慮憲，求善良，足以謏聞，不足以動衆。就賢體遠，足以動衆，未足以化民。君子如欲化民成俗，其必由學乎！」（禮記學記）「夙興夜寐」，蓋言學也，非學爲從政而已也。

右經第五章

大傳第五

記曰：「爲人子者，三賜不及車馬。故州閭鄉黨稱其孝也，兄弟親戚稱其慈也，僚友稱其弟也，執友稱其仁也，交游稱其信也。見父之執，不謂之進不敢進，不謂之退不敢退，不問不敢對，此孝子之行也。」（禮記曲禮上）

凡昏、冠之禮，皆始於士。故資愛資敬，則士其始也。爲士者，其莊矣，而有油油之心焉。守親之業，拜君之賜，六行之中，無取於義，故獨以慈、弟、仁、信聞。

國君下齊牛，式宗廟。大夫、士下公門，式路馬。乘路馬，必朝服，載鞭策，不敢授綏，左必式。步路馬，必中道。以足蹙路馬芻，有誅。齒路馬，有誅。（禮記曲禮上）

大夫、士有同禮者，而士加謹矣。故大夫禮毖於卿，士毖於大夫。然則乘路馬，何禮也？謂五路之御也，御必皆士矣。朝服載鞭，不敢授綏，如其君在也。如其君在，則如其父在也。蹴芻齒馬之有誅，何也？不敗君事者也。敗君事者，雖貴而猶誅之，況路馬乎？然且士未之敢也。士必有其父，士必有其兄，士必有其大夫、卿。魯人之謠曰「洫洫乎！湫乎！攸乎！深慮而淺謀，邇身而遠志，家臣而君圖」（春秋左傳昭公十二年），是南蒯氏之行也。

凡執主器，執輕如不克。執主器，操幣圭、璧，則尚左手，行不舉足，車輪曳踵。立則磬折垂珮。主珮倚則臣佩垂，主珮垂則臣佩委。（禮記曲禮下）

執器者，不皆士也，而士從此知學矣，是猶之跪屨搊袂之禮也，然而已進矣。晏子曰：「堂上之禮，君行一，則臣行二。」（韓詩外傳卷四）凡敬，皆倍也，不倍不順，是晏平仲之行也。

君使士射，不能則辭以疾，言曰：「某有負薪之憂。」侍於君子，不顧問而對，非禮也。（禮記曲禮下）

士之始選於澤宮，皆射也，而曰不能，何也？負薪之憂、肩臂之疾也。疾可以見於君，而不可以先長者。父母之憂，則君亦憂之，故辭非飾也，所以廣孝也。

君子行禮，不求變俗。祭祀之禮，居喪之服，哭泣之位，皆如其國之故，謹修其法而

審行之。（禮記曲禮下）

謂有先君、卿大夫之治焉，謂有宗老、家相之事焉，是猶之負劍辟咡之禮也，然而已進矣。然則禮失之俗，如之何？曰：變則不正，正則不變，變而正之，是滕世子之行也。

去國三世，爵祿有列於朝，出入有詔於國，若兄弟宗族猶存，則反告於宗後；去國三世，爵祿無列於朝，出入無詔於國，惟興之日，從新國之法。（禮記曲禮下）

若是者，何不忘親也？不忘先也。不保祿位，不守祭祀，而猶有保祿位、守祭祀之思焉。道興而猶未忘廢也，道廢而猶未忘興也。詩曰「無逝我梁，無發我笱」（詩經小雅小弁），亦資敬之意也。

君子已孤不更名；已孤暴貴，不爲父作謚。（禮記曲禮下）

已孤則愛篤，已貴則敬篤也。己之名命於親，父之名易於君。士而可以顯親，雖韋布猶之顯親也；士而不可以顯親，雖鍾鼎無以殉死者。然則上祀追王，何也？曰：是王者之禮也。王者繼嗣，不得用開創者〔二〕之禮，故有身爲王者不禰其父者矣，而况於士乎，而况於暴貴者乎！然則身爲王者不禰其父，禮乎？曰：已過於禮也，然有禮意存焉。

〔二〕「者」字，康熙本有，四庫本無。

君子將營宮室，宗廟爲先，廄庫爲次，居室爲後。凡家造，祭器爲先，犧賦爲次，養器爲後。無田祿者不設祭器，有田祿者先爲祭服。君子雖貧，不粥祭器；雖寒，不衣祭服。爲宮室，不斬於丘木。（禮記曲禮下）

國君去其國，止之曰：「柰何去社稷也？」大夫曰：「柰何去宗廟也？」士曰：「柰何去墳墓也？」國君死社稷，大夫死衆，士死制。故爲國君愛敬其社稷，爲大夫愛敬其宗廟，爲士愛敬其墳墓，則灾害不生而旤亂不作矣。然則士值危國，如之何？曰：忠順不失，未至於死亡也。未至於死亡，何失忠順之有？孟子曰：「無罪而殺士，則大夫可以去；無罪而戮民，則士可以徙。」（孟子離婁下）士患失其忠順，不患失其祿位。士患失其祿位，則不足以爲士矣。

大夫、士去國，祭器不踰竟，大夫寓祭器於大夫，士寓祭器於士。大夫、士[二]去國，踰竟，爲壇位，鄉國而哭。素衣、素裳、素冠，徹緣、鞮屨、素簚，乘髦馬，不蚤鬋，不祭食，不説人以無罪，婦人不當御，三月而後復[三]。（禮記曲禮下）

若是乎喪祿位、失祭祀之重也，故保祿位、守祭祀，亦聖人之所貴也。孟子曰：「士之失位也，猶諸侯之

[二] 大夫、士，崇禎本、康熙本皆作「大夫」，據禮記曲禮下，從四庫本改。
[三] 後復，康熙本同，四庫本作「復服」。按禮記同四庫本。

失國家也。禮曰：『諸侯耕助，以供粢盛；夫人蠶繅，以爲衣服。犧牲不成，粢盛不潔，衣服不備，不敢以祭。惟士無田，則亦不祭。』牲殺、器皿、衣服不備，不敢以祭，則不敢以宴，亦不足弔乎？」（孟子滕文公下）是亦父母之所弔也。

天子，視不上於袷，不下於帶；國君，綏視；大夫，衡視；士，視五步。凡視，上於面則敖，下於帶則憂，傾則奸。（禮記曲禮下）

單襄公曰：「目以處義，足以步目。」（新書卷十禮容語下）目體不相從，何以能久？故視者，精神之治也。愛敬存於中，則奸傲去於面矣。黄目，彝之貴者也，使衡而綏，照於五步之内，故以坐則知起，問則知對，酬則知酢也，是士爲公尸，神而明之之道也。

君命，大夫與士肄。在官言官，在府言府，在庫言庫，在朝言朝。朝言不及犬馬。輟朝而顧，不有異事，必有異慮。故輟朝而顧，君子謂之固。在朝言禮，問禮，對以禮。（禮記曲禮下）

固者不足以語禮，故亦謂之瞽也。士與大夫肄，則讓於大夫；與卿肄，則讓於卿。愛敬之發，猶近於不學慮者也，而何異慮之有乎？

凡士相見，贄，冬用雉，夏用腒。左脰奉之以价請見。主人凡三辭見，三辭贄，不獲，乃見之。既見，賓交拜，送贄出。賓再燕見，主人三還贄，曰：「既得見矣。」不獲，乃受之。士見於大夫，終辭其贄。於其入也，一拜其辱也，賓退，送，再拜。若常爲臣者，則禮辭其贄，曰：「某也辭，不得命，不敢固辭。」賓入，奠贄，再拜，主答一拜，賓出。凡三還贄，賓受而去之。下大夫相見以鴈，上大夫相見以羔。其見於君也，不還贄，以彌蹙爲度。（儀禮士相見禮）

士相見之受贄，爲還拜也。見大夫之不受贄，謂不還拜也。受贄而不還拜，唯君而已。士以君事其大夫，則己過然，猶不失爲忠順也。周霄問於孟子曰：「士出疆必載贄，何也？」曰：「士之仕也，猶農夫之耕也。農夫豈爲出疆舍其耒耜哉？」曰：「晉國亦仕國也，未聞仕如此其急。仕如此其急，君子之難仕，何也？」曰：「丈夫生而願爲之有室，女子生而願爲之有家。父母之心，人皆有之。不待父母之命、媒妁之言，鑽穴隙相窺、踰墻相從，則父母國人皆賤之矣。古之人未嘗不欲仕也，又惡不由其道。不由其道而往者，與鑽穴隙之類也。」（孟子滕文公下）體父母之意，以道稱仕，其惟儒者乎？

子貢問士。子曰：「行己有恥，使於四方，不辱君命，可爲士矣。」「敢問其次？」子曰：「宗族稱孝焉，鄉黨稱弟焉。」（論語子路）

孝弟其猶有恥辱與？其行己未篤與？愛其身，不辱其父兄。守其宮庭，不出四方，得其始端，而遺其中，終是王祥、劉殷之行也。曰：王、劉之才及於四方矣，而訾之，何也？曰：是猶未免於恥辱也。穎考叔之挾輈，不如曹劌[一]之反地也[二]。故遠於恥辱之難也。

王子墊問曰：「士何事？」孟子曰：「尚志。」「何謂尚志？」曰：「仁義而已矣。殺一無罪，非仁也；非其有而取之，非義也。居惡在？仁是也；路惡在？義是也。居仁由義，大人之事備矣。」（孟子盡心上）

殺草木六畜非其時，孝子不爲也。食非仁人之粟，孝子不爲也。仁義之於孝弟，非兩也。以孝弟而爲仁義，猶不惡慢之於愛敬也。故曰：「堯、舜之道，孝弟而已矣。」（孟子告子下）

曾子曰：「君子不貴興道之士，而貴有恥之士也。若由富貴興道者與？貧賤，吾恐其或失也；若由貧賤興道者與？富貴，吾恐其羸驕也。有恥之士，富不以道，則恥之；貴不以道，則恥之。貧賤不以道則非吾恥也，執仁與義而行之未篤故也。夫婦會於墻陰，明日或揚其言矣，胡爲其莫之聞也。」（大戴禮記曾子制言）

[一] 曹劌，康熙本、四庫本皆作「曹沫」。按曹劌與曹沫爲同一人。
[二] 「也」字，康熙本有，四庫本無。

甚矣，曾子之言似夫子也！興道之士，柔行似仁，強言似義，多聞似博，斂機似約，深息似静，鉤[二]名似正，與時好惡似忠似順，然其意不過以爲富貴也，而人主以爲興道。使去其富貴而反於貧賤，則一無耻之士而已。無耻之士不足與於仁義，則不足與於禮樂，而曰「以才興道」，吾不信也。

子言之：「儒有難得而易禄也，易禄而難畜也。非時不見，不亦難得乎？非義不合，不亦難畜乎？先勞而後禄，不亦易禄乎？其近人有如此者。」（禮記儒行）

孝子不絶人，亦不自絶也；不求仕，亦不逃名。仁義之粟則受之，言行可以自見則見矣。惡慢人而食其食，則孝子不爲也。夫子之稱子羽也，曰：「貴之不喜，賤之不怒。苟利於民，廉於事上，以佐其下，獨富獨貴則必不爲也，是澹臺滅明之行也。」（大戴禮記衛將軍文子）

子言之：「儒有居處齊難，坐起恭敬；言必先信，行必中[三]正；道塗不争險易之利，冬夏不争陰陽之和；愛其死以有待也，養其身以有爲也。其備豫有如此者。」（禮記儒行）

養其親，則敬其身；敬其身，則愛其死。故道有不死於其名，臣有不死於其君。君以道死，則死之；不以道死，則不死也。中道而立，當門而處，雖有暴政，不更其所，是晏平仲之行也。

[二] 鉤，康熙本作「同」，四庫本作「鈎」。

[三] 中，崇禎本、康熙本皆作「忠」，據禮記儒行，從四庫本改。

子言之：「儒有今人與居，古人與稽；今世行之，後世以爲楷；適弗逢世，上弗援，下弗推，讒諂之民有比黨而危之者；身可危也，而志不可奪也；雖危起居，竟信〔二〕其志，猶將不忘百姓之病也。其憂思有如此者。」（禮記儒行）

危其身以伸其志，孝子亦豈爲之乎？立行之士，不諧於時，固其所也。匹夫納溝，哲人所傷，以身之危易百姓之病，孝子猶且爲之。曾子曰「士不可以不弘毅，任重而道遠。仁以爲己任，不亦重乎？死而後已，不亦遠乎」（論語泰伯），是曾子之志也。

子言之：「儒有内稱不辟親，外舉不辟怨；程功積事，推賢而進達之，不望其報，君得其志；苟利國家，不求富貴。其舉賢援能有如此者。」（禮記儒行）

若此則可謂敬愛者矣。孝子事親，就養無方；忠臣事君，就養無方。以無方之賢，就無方之養，卿大夫之爲也。士爲之則已上，然且有爲之者，雖或比黨而危之，不疑也。是祁傒〔三〕、羊舌肸之行也。曾子曰：「可以託六尺之孤，可以寄百里之命，臨大節而不可奪也。」（論語泰伯）天下有道，則亦卿大夫之選也。

子言之：「儒有澡身而浴德，陳言而伏，靜而正之，上弗知也，麤而翹之，又不急爲

〔二〕信，原作「伸」，據禮記儒行、從康熙本、四庫本改。
〔三〕傒，康熙本同，四庫本作「奚」。按左傳爲「祁奚」。

也；不臨深而爲高，不加少而爲多；世治不輕，世亂不沮，同弗與，異弗非也。其特立獨行有如此者。」（禮記儒行）

若此則可謂忠順者矣。以此之爲而猶爲祭祀祿位者乎？儒行所言自立者五：強學力行，一也；見死不更，二也；戴仁抱義，三也；雖危竟伸，四也；推賢忘報，五也。而陳伏靜正者，猶爲特獨。故聖人所言忠順，非世之所謂忠順者也。世之所爲忠順者，猶資愛於其保姆也。

子言之：「儒有上不臣天子，下不事諸侯；慎靜而尚寬，強毅以與人，博學以知服；近文章，砥礪廉隅；雖分國，如錙銖，不臣不仕。其規爲有如此者。」（禮記儒行）

不臣不事[一]，可以爲士，亦可以爲孝子乎？士有尊於諸侯，士有貴於卿大夫，立身行道，則其自與也。曾子曰：「宮中雍雍，外焉肅肅；朋友切切，兄弟怡怡；遠者以貌，近者以情。立其所能，遠其所不能。無失所守，亦可以終身也。」（大戴禮記曾子立事）孟子曰：「居仁由義，大人之事備矣。」（孟子盡心上）夫孝子之於天下，何不備之有？孝子而必資祿以爲祭，資位以爲祀，則卿大夫而下無孝子也。子言之：「德恭而行信，終日言不在尤之內，貧而樂，卑而尊，是老萊子之行也。易行以俟命，居下位不援其上，觀於四方，不忘其親，苟

[一] 事，康熙本同，四庫本作「仕」。

思其親，不盡其樂，以不能學爲終身之憂，是介山之推之行也。」（大戴禮記衛將軍文子）故如介山之推，則可以語學者矣。

右傳二十則

庶人章第六

「用天之道，分地之利，謹身節用，以養父母。此庶人之孝也。」

君子資於天地，得其尊親；小人資於天地，得其樂利。小人資其力，君子資其志。君子致其禮，小人致其事。其要於敬養，不敢毀傷，則一也。然則君子不言養，小人不言敬，何也？顯親揚名則養也，謹身節用則敬也。君子之有廟祀，小人之有甽澮，大小殊致，有身則一。愛敬忠順與爲謹節，何以異乎？謹節則不傷，不傷則不毁，不傷不毁，則言行皆滿於天下。言行皆滿於天下，則皆可配於天地矣。然則夫子與〔一〕庶人微其詞，何也？曰：庶人明於人，非明人者也；則於人，非則人者也。至德要道不之總也，故此之。此之者，微之也，謂夫士君子而尚庶人之事者也。庶人之於卿士，猶諸侯之於天子也。

「故自天子至於庶人，孝無終始，而患不及者，未之有也。」

不敢毁傷，孝之始也；立身顯親，孝之終也。謹身以事親，則有始；立身以事親，則有終。孝有終始，

〔一〕與，康熙本同，四庫本作「於」。

則道著於天下，行立於百世。不愛其身，而惡慢乘之〔一〕，小則毀傷其身，大則毀傷天下。曾子曰：「旣患由生，自纖纖也，君子夙絶之。」（大戴禮記曾子立事）夙絶之如何？曰：敬而已矣，君子未有不敬而免於患者也。

右經第六章

大傳第六

子云：「小人皆能養其親，不敬何以辨？父子不同位，以厚敬也。書云：『辟不辟，忝厥祖。』」（禮記坊記）

子不乘父，父不乘祖，所以著辨也。子不忝父，父不忝祖，所以終始也。不能立身，不能率祖，而曰能養，小人之義也。故「無念爾祖，聿修厥德」（詩經大雅文王）者，始孝之事；「夙興夜寐，無忝爾所生」（詩經小雅小宛）者，終孝之事也。

曾子曰：「孝有三：大孝不匱，中孝用勞，小孝用力。博施備物，可謂不匱矣。尊

〔一〕「不愛其身，而惡慢乘之」，底本作「敬愛其身，而惡慢終事」，康熙本作「敬愛其身，而惡慢終之」，據上下文義，從四庫本改。

仁安義，可謂用勞矣。慈愛忘勞，可謂用力矣。」（禮記祭義）

尊仁安義，何勞之有？言夫爲仁義而不備物者也。不備物，則備力。父母有憂之，然而無患。人之患富貴有甚於患筋力者也。曾子曰：「仁者殆，恭者不入，慎者不使，正直者邇於刑，弗違則殆於罪。君子錯在高山之上，深澤之汙，聚橡栗藜藿而食之，生耕稼以老十室之邑。」（大戴禮記曾子制言）夫其父之志也，夫亦其子之志也夫。

子游問孝。子曰：「今之孝者，是謂能養。至於犬馬，皆能有養，不敬，何以別乎？」（論語爲政）

大祀之尚明水也，大享之尚太羹也，兩者非以爲養也。君子之敬父母，尊於天地，明於日月，道塞而反於隴畎[一]，亦猶有郊社之意焉。馬之呴沫，雖報不享，又何傚焉？曾子曰：「烹熟羶香，嘗而進之，非孝也，養也。」（大戴禮記曾子大孝）

子夏問孝。子曰：「色難。有事弟子服其勞，有酒食先生饌，曾是以爲孝乎？」（論語爲政）

記曰：「孝子之有深愛者必有和氣，有和氣者必有愉色，有愉色者必有婉容。嚴威儼恪，非所以事親也。」

〔一〕 畎，康熙本、四庫本皆作「畂」。

（禮記祭義）然則敬者無儼恪與？曰：敬之有儼恪，自享祀始也。養從愛始者也。孝經之道有三：曰嚴，曰順，曰敬。嚴從父也，順從母也。孝養之義，從母者也。然則是獨從愛乎？曰：愛至而敬亦至，敬至而色亦至矣。參、損、游、夏皆孝也，用之不同。曾、卜致敬，言、閔致和，和者，敬之通也。

曾子曰：「民之本教曰孝，其行之曰養。養可能也，安爲難；安可能也，久爲難；久可能也，卒爲難。卒事慎行，則可謂能終也。」（禮記祭義）

若是，則曾子自爲能養也。曾子擇孝取下焉而猶以爲難，則是庶人之孝未爲降也。孟子曰：「曾子養曾晳，必有酒肉。將徹，必請所與。問『有餘？』必曰『有』。曾晳死，曾元養曾子，必有酒肉，將徹，不請所與。問『有餘？』，曰『亡矣』，將以復進也。此所謂養口體者也。若曾子，則可謂養志也。」（孟子離婁上）故敬之降爲養，養之下無降焉。保祿祀而下，則亦無降也。故孝子之詩至於苞栩而衰矣。周書曰「嗣爾股肱，純其藝黍稷，奔走事厥考厥長。肇牽牛車〔一〕，遠服賈，用孝養厥父母。厥父母慶，自洗腆，致用酒」（尚書周書酒誥），則洵矣，其庶人之義也。

子言之：「君子反古復始，不忘其所由生也，是以致其敬，發其情，竭力從事以報其

〔一〕牛車，康熙本同，四庫本作「車牛」。按尚書同四庫本。

親，不敢不〔二〕盡也。」（禮記祭義）

身生於父，成於君，始於祖，本於天地。知其所由生，則知其所由成；知其所由成，則知其所由立。政教禮樂亦由此爲養〔三〕也。天子竭力以行禮樂，諸侯竭力以行政教，其明報不同，而發情、致敬、竭力從事則一也。詩曰「我孔熯矣，式禮莫愆」（詩經小雅楚茨），又曰「靡有不孝，自求伊祜」（詩經魯頌泮水），故謂小孝用力。用力之不及致敬者，亦有未盡也。子路見於夫子曰：「有人於此，夙興夜寐，手足胼胝，面目黧黑。藝五穀以事其親而無孝子之名者，何也？」子曰：「意者，身未敬耶？色不順耶？辭不遜耶？古人有言曰『衣與！食與！』何以無孝之名？意者所友非仁人耶？坐，吾語女。雖有國士之力，不能自舉其身。君子愛以事親，敬以友賢，何爲無孝子之名乎？」（韓詩外傳卷九）詩曰：「朋友攸攝，攝以威儀。」（詩經大雅既醉）曾子則嘗從事於此也。夫事親、信友、獲上、治民，君子亦嘗置力於此也。

曾子曰：「君子進則能達，退則能靜。豈貴其能達哉？貴其有功也。豈貴其能靜哉？貴其能守也。夫惟進之何功，退之何守，故君子有二觀焉。君子進則益上之譽，損下之憂；不得志，不安貴位，不博厚祿，負耜而行道，凍餓而守仁。是君子之功守也。」（大

〔二〕不，康熙本、四庫本皆作「弗」。按禮記爲「弗」。

〔三〕養，康熙本同，四庫本作「義」。

戴禮記曾子制言）

故祿養者，非君子之得已也，猶不得於道而得於畎畝之義也。君子動靜以爲立身，進退以爲終始，有不功之功，不利之利。曾子言之：「往而不可還者，親也；至而不可待者，年也。吾嘗仕，齊禄不過鍾釜，欣欣而喜，非爲貴也；親歿之後，南游於楚，榱題三圍，轉轂百乘，北鄉涕泣，非爲賤也。」（韓詩外傳卷七）君子有後名，不若昕夕之養，故顯名揚親亦非君子之得已也，以爲不得已而不敢自已，是終始之義也。

曾子曰：「人之生也，百歲之中，有疾病焉，有老幼焉，君子思其不復者而先施焉。親戚既歿，雖欲孝，誰爲孝？年既耆艾，雖欲弟，誰爲弟？故孝有不及，弟有不時。慎始思終，其是之謂與？」（大戴禮記曾子疾病）

甚矣！曾子之仁也。不及孝而思孝，不及弟而思弟，人之性也。耄耋而思立身，毀敗而思行道，則亦晚矣。君子慎始而慮終，孩提立孝，老死而不倦。詩曰：「我日斯邁，而月斯征。」（詩經小雅小宛）昔者子夏食於曾子曰：「是不已費乎？」曾子曰：「君子有三費，飲食不在其中。有三樂，琴瑟不在其中。」子夏曰：「何爲三樂？」曰：「有親可畏，有君可事，有子可遺，此一樂也。有親可諫，有君可去，有子可怒，此二樂也。有親可養，有君可諭，有友可助，此三樂也。」「何爲三費？」曰：「少而學之，長而忘之，此一費也。事君有功，而輕負之，此二費也。久與之交，而中絶之，此三費也。」（韓詩外傳卷九）夫孩提行孝，老而不就，立身耆艾，而猶有咎，其爲費也，不亦多乎？詩曰「天生蒸民，其命靡諶。靡不有初，鮮克有終」（詩經大雅蕩），言性習之中變，而仁孝之不易也。

曾子曰：「先憂事者後樂事，先樂事者後憂事。昔者天子日旦思其四海之内，戰戰惟恐不能乂；諸侯日旦思其四封之内，戰戰惟恐失損之；大夫士日旦思其官職，戰戰惟恐不勝；庶人日旦思其事，戰戰惟恐刑罰之至也。故臨事而栗者，鮮不濟矣。」（大戴禮記曾子立事）

故臨深履薄，天子庶人之所共學也。愛敬之心，不勝惡慢，始事而勤，終事而怠，自謂無所毀傷，而毀傷者驟至矣。丹書曰：「敬勝怠者吉，怠勝敬者滅；義勝欲者從，欲勝義者凶。」（大戴禮記武王踐阼）夫爲人子，行孝而至無終始，非以欲勝義而然乎？勝義滅仁，禍患乃成。孟子曰：「君子有終身之憂，無一朝之患也。乃若所憂則有之：舜，人也；我，亦人也。舜爲法於天下，可傳於後世，我猶未免爲鄉人也，是則可憂也。憂之如何，如舜而已。」（孟子離婁下）若夫君子所患則無矣。非仁無爲也，非禮無行也，如有一朝之患，則君子不患矣。

子言之：仁有數，義有長短、大小。中心憯怛，愛人之仁也。率法而强之，資仁者也。詩云「豐水有芑，武王豈不仕？詒厥孫謀，以燕翼子」，數世之仁也。國風曰「我躬

不閔，皇恤我後」，終身之仁也。（禮記表記）

夫世豈有仁而終身者乎？亦豈有不仁而終其身者乎？以敬成孝，以孝成仁，能終其身，則能及於百世矣，亦何長短大小之有？丹書曰：「凡事不強則枉，弗敬則不正。枉者滅廢，敬者萬世。師尚父曰：『且臣聞之，以仁得之，以仁守之，其量百世。以不仁得之，以仁守之，其量十世。以不仁得之，以不仁守之，必及其世。』」（大戴禮記武王踐阼）孟子謂是尚父之言未是也。不仁而可以得天下，則是不孝而可以奉宗祀也。孟子曰：「天子不仁，不保四海；諸侯不仁，不保社稷；卿大夫不仁，不保宗廟；士庶人不仁，不保四體。」（孟子離婁上）夫能行愛敬終始其身，則可謂仁者矣。豐芑之詩，何多讓焉？

子曰：「中心安仁者，天下一人而已。大雅曰：『德輶如毛，民鮮克舉之。我儀圖之，維仲山甫舉之，愛莫助之。』」子曰：「詩之好仁如此。鄉道而行，中道而廢，忘身之老也，不知年數之不足也，俛焉日有孳孳，斃而後已。」（禮記表記）

若是，則可謂有終始者矣。仲山甫之稱爲仁，何也？謂有終始[一]也。令儀令色，小心翼翼，文王之事也；不畏疆[二]禦，不侮矜寡，成湯之智也；以保其身，王躬是保，舜、禹之義也。有是三者，以率民彝，以正物

[一] 終始，康熙本同，四庫本作「始終」。
[二] 疆，康熙本同，四庫本作「強」。疆，古同「強」。

則，性立而教，著於天下，則非獨立身而已也。孟子曰：「吾身不能居仁由義，謂之自暴也。」（孟子離婁上）又曰：「謂其君不能者，賊其君者也。」（孟子公孫丑上）鄉道而行，中道而廢，則亦命也。以爲朝夕，不放於日月，則君子有所不可也。

大學曰：「自天子以至於庶人，壹是皆以修身爲本，其本亂而末治者否矣。其所厚者薄，而其所薄者厚，未之有也！」

五孝雖殊，敬身一也。敬身則敬親，敬親則敬天，敬天則成親，成親則成身，成身而其身大於天下矣。孟子曰：「人有恒言，皆曰『天下國家』。天下之本在國，國之本在家，家之本在身。」（孟子離婁上）身厚則萬物皆厚，身治則萬物皆治，身毁則萬物皆毁，身傷則萬物皆傷矣。虞書曰「敬修其可願」（尚書虞書大禹謨），又曰「愼厥身，修思永」（尚書虞書皋陶謨），夫非愛敬終始而能如此乎！

右傳十二則

三才章第七

曾子曰：「甚哉！孝之大也。」子曰：「夫孝，天之經也，地之義也，民之行也。天地之經，而民是則之。則天之明，因地之利，以順天下。是以其教不肅而成，其政不嚴而治。」

經者，天之常也。義者，地之制也。天有常制，地不敢變，法之則明，因之則利，舍是則無以和睦於上下。故孝者，天下之大順也。易曰：「乾以易知，坤以簡能。易則易知，簡則易從。易知則有親，易從則有功。有親則可久，有功則可大。可久則賢人之德，可大則賢人之業。易簡而天下之理得矣。天下之理得，而成位乎其中矣。」（易傳系辭上）故孝者，聖賢所以成位也。易知簡能，是天地之經義也。

「先王見教之可以化民也，是故先之以博愛而民莫遺其親，陳之以德義而民興行，身之以敬讓而民不爭，道之以禮樂而民和睦，示之以好惡而民知禁。」（「教」作「孝」）

孝而可以化民，則嚴肅之治何所用乎？孝，教也，教以因道，道以因性，行其至順，而先王無事焉。博愛者，孝之施也；德義者，孝之制也；敬讓者，孝之致也；禮樂者，孝之文也；好惡者，孝之情也，五者，先王之所以教也。虞書曰：「百姓不親，五品不遜。汝作司徒，敬敷五教，在寬。」（尚書虞書舜典）敬寬在於上，親遜著於下，二者唐虞之所以成治也。以唐虞之教，成唐虞之治，而聖賢德業配於天地矣。

「詩云：『赫赫師尹，民具爾瞻。』」

言夫嚴肅之不可爲治也。記曰：「父之親子也，親賢而下無能；母之親子也，賢則親之，無能則憐之。母親而不尊，父尊而不親。水之於民也，親而不尊；火，尊而不親。土之於民也，親而不尊；天，尊而不親。」（禮記表記）父母、天地，尊親之合也。親以致其愛，尊以致其敬。愛以去惡，敬以去慢，二者立而天下化之。「赫赫師尹」，夫猶有政刑之心乎？傳曰：「有國者不可不慎，辟則爲天下僇矣。」（大學）「具瞻」，所以教慎也；慎者，敬之始[一]也。

右經第七章

[一] 始，底本原作「治」，從康熙本、四庫本補。

大傳第七

子曰：「夫民，教之以德，齊之以禮，則民有格心；教之以政，齊之以刑，則民有遯心。故君民者子以愛之，則民親之；信以結之，則民不倍；恭以涖之，則民有孫心〔一〕。甫刑曰：『苗民匪用命，制以刑。惟作五虐之刑，曰法。』是以民有惡德，而遂絶其世也。」（禮記緇衣）

甚哉，嚴刑肅法之不可以治也！五虐之去五教也，遠矣。子愛信結恭涖，猶未至於言孝也，然而可以觀德焉。德者，教之所自出也。教立而後禮行，禮行而後德著。德者，善之所歸也。孟子曰：「人性之善也，猶水之就下。人無有不善，水無有不下。」（孟子告子上）堯舜之民多善，而苗民以惡德特聞，夫豈其性然哉？德教失於上，嚴刑束於下，從之不可，乃有遯心。易曰「不惡而嚴」（易傳遁卦），亦謂遯也。

記曰：「聖人參於天地，竝於鬼神，以治政也。處其所存，禮之序也；玩其所樂，

〔一〕心，底本原作「志」，據禮記緇衣，從康熙本、四庫本改。

民之治也。故天生時而地生財，人父生而師教之。四者，君以正用之，故君者立於無過之地也。」（禮記禮運）

天之生時則曰明，地之生財則曰利，本於自然則曰生，因其本然則曰教，君得四正而用其經義，故先王之爲治以章明經義。處其所存，玩其所樂，非謂其有嚴肅之令能鬼神其事也。故君者，天、地、父、師之正也。用其正而不敢有過，故以則人而人則之，以養人而人養之，以事人而人事之。天地所謂孝子，則無不孝子；鬼神所謂仁人，則無不仁人者矣。子曰「禹立三年，天下遂仁」（禮記緇衣），夫非大禹而能如此乎？詩曰「成王之孚，下土之式」（詩經大雅下武），是之謂也。

夫禮，必本於太一[一]，分而爲天地，轉而爲陰陽，變而爲四時，列而爲鬼神。其降曰命，其官於天也[二]。夫禮必本於天，動而之地，列而之事，變而從時，協於分藝。其居人也曰養[三]。故禮義也者，人之大端也，所以講信修睦而[四]固人肌膚之會、筋骸之束也，所以養生、送死、事鬼神之大端也，所以達天道、順人情之大竇也。（禮記禮運）

[一] 一，底本原作「乙」，據禮記禮運，從康熙本、四庫本改。

[二] 其官於天也，底本原作「其官曰天」，據禮記禮運，從康熙本、四庫本改。

[三] 其居人也曰養，底本原作「其居於人也曰義」，據禮記禮運，從康熙本、四庫本改。

[四] 「而」字，底本原無，據禮記禮運，從康熙本、四庫本補。

欲達天道、順人情，則舍孝何以乎？孝者，天地之情、鬼神之用、陰陽四時，所相報荅也。易本於太極，太極生兩儀，兩儀生四象，四象生八卦，八卦分列，五行式序，坤艮交應，金水火木互相起也。聖人之道，貴生而惡殺。故帝出於東方，齊於巽，相見於離，厚生於木，而後火受之。母立於西南，悦於兑，致勞於坎，厚生於金，而後水受之。天地水火風雷山澤，則各以四正互相荅也，是天地之經義也。乾坤父母，即爲君臣；水火男女，即爲夫婦；風雷山澤，别其長幼，居於四隅，以奉正配，不相瀆也。二老言慈，六子言孝，慈愛孝弟，將之以敬，而後太極立也。順莫順於後天，文王之事，周公之志也；嚴莫嚴於先天，宓羲之事，神農、黄帝、堯、舜之志也。知其説者，以因天明則地利，成教於天下，則何嚴刑肅令之有乎？

聖人作則，必以天地爲本，以陰陽爲端，以四時爲柄，以日星爲紀，月以爲量，鬼神以爲徒，五行以爲質，禮義以爲器，人情以爲田，四靈以爲畜。（禮記禮運）

民者，則天地者也；聖人者，作則者也。先天地而後陰陽，四時以次陰陽，日星以次四時，月以次日星，鬼神以次日月。六者，易之序也。易貴兩畜，文德所聚，蓋言孝也。然則四靈爲畜，不可以已乎？曰：是文德也，聖賢君子之所以類起也。君子本於天地，端於陰陽，柄於四時，皆以治本也。四時爲柄，故有生有成；日星爲紀，故夙夜不貸；月以爲量，故不遠而復；鬼神爲徒，故陟降左右；五行爲質，故反始明報；禮義爲器，故言行有物；人情爲田，故不失其實；四靈爲畜，故中和可得。是十者皆孝也。非孝則民無所則，民無所則，天地、陰陽、日星、五行皆爲虛器矣，是以聖人慎所以教之，曰「言不過辭，動不過則」，是之謂也。河間獻王問温城董君曰：「夫孝，天之經，地之義。何謂也？」對曰：「天有五行，木火土金水也。水爲冬，金爲秋，土爲季夏，火爲夏，木爲春。春主生，夏主長，季夏主養，秋主收，冬主藏。藏，冬之所成也。是故父之所生，其子長之；父之所長，其子養之；父之所養，其子成之。諸父所爲，其子皆奉承而續行之，不敢不致，如父之意，盡爲子之道也。故曰：『夫孝者，天之經也。』」王曰：「善哉！願聞地之義。」對曰：「地出雲爲雨，起氣爲風。風雨者，地之爲也。地不敢有其功名而上歸之天命，若從天氣者，故曰天風天雨也，莫曰地風地雨也。勤勞在地，一歸於天，非至有義，孰能行此？故下事上，如地事天，可謂大忠矣。」又曰：「土者，火之子也。五行莫貴於土。土於四時，無所命者，不與火分功名。忠臣之義，孝子之行，取之於土。土者，五行最貴也，其義不可加矣。五聲莫貴於宫，五味莫美於甘，五色莫貴於黄，此謂『孝者，地之義也』。」王曰：「善哉！」（春秋繁露卷十五行對）夫董君之論，則猶有未盡也。則天之明，明莫大於日月；明天之經，經莫察於五緯。日者，父也，君也。月近於日三分距一〔二〕，其行必疾，月遠於日三分距二，其行必遲；星近於日四十五度之内，其行必疾，四十五度之外，其行必遲，臣子所將迎於君父也。日行有常，温燠不爲之加遲，風雨不爲之加疾。月星之行，風雨凉燠，必變色而先告者，臣子之教諫於君父也，是天之經也。因地之利，利莫

〔二〕一，康熙本、四庫本皆作「二」。

大於河海。以義爲利，利莫大於就下。江河所在，百川趨之，雖遠必赴，雖險不懼，不謀而逝，或語或默，各至其所，臣子所致命而遂志也。及其至於海也，淡者以鹹，甘者以苦，清者以混，平者以怒，涵湛萬里，不戀其故，若情之歸性，性之歸命也，不敢有所自執，以争吾素，是臣子之合力而同化也。故曰則天之明，因地之利，以順天下。利者，天下之至順也。孟子曰：「天下之言性也，則故而已矣。故者，以利爲本。所惡於智者，謂其鑿也。禹之行水也，行其所無事也。如智者亦行其無事，則其智亦大矣。天之高也，星辰之遠也，苟求其故，千歲之日至，可坐而致也。」（孟子離婁下）若孟子則可與立教者矣。

天地之道，寒暑不時則疾，風雨不節則飢。教者，民之寒暑也，教不時則傷世；事者，民之風雨也，事不節則無功。先王之爲禮樂，以天地法治也，法治善則行象德矣〔一〕。（禮記樂記）

故政與刑，強民者也。德與教，非強民者也。天地之爲寒暑必以時，爲風雨必以節，所以順物之性、集民之事也。不時之寒暑無以慈，不節之風雨無以孝。萬物失其性，則天地亦無以教也。故因性之教，天地之所至貴也。詩曰：「民之秉彝，好是懿德。」（詩經大雅烝民）

〔一〕「先王之爲樂也，以天地法治也，法治善則行象德矣」，康熙本同，四庫本作「然則先王之爲樂也，以法治也，善則行象德矣」。按禮記與四庫本同。

樂者，天地之和也。禮者，天地之序也。和，故百物皆化；序，故群物皆别。樂由天作，禮以地制。過制則亂，過作則暴。明於天地，然後能興禮樂也。（禮記樂記）

若是，則中和之貴也。仁義聖智，則以中和爲歸，故無中和，則無以見孝也。天地之性，致中以爲寒暑，致和以爲風雨。風雨出於山川，寒暑本於日月。寒暑不中，風雨不和，則日月山川亦無致孝於天地也。詩曰：「旱既太甚，滌滌山川。」（詩經大雅雲漢）又曰：「雨無正極，傷我稼穡。」〔二〕故中和致則愛敬生，愛敬生則惡慢息，惡慢息則暴亂之旣庶乎免矣，暴亂旣免而後禮樂可作也。

天高地下，萬物散殊，而禮制行矣。流而不息，合同而化，而樂興焉。春作夏長，仁也。秋斂冬藏，義也。仁近於樂，義近於禮。樂者敦和，率神而從天；禮者别宜，居鬼而從地。（禮記樂記）

禮樂者，聖人所率鬼神而事天地也。春夏秋冬，天地之氣也，氣有過勝，氣有不及，聖人爲中和以柔之，猶爲裘葛湯水以御親之温凊也。天地合化，鬼神行於其〔三〕間，猶魂魄藏於肝脾之内，過盛過慴，皆足爲厲，天

〔二〕毛詩有雨無正篇，然無「雨無正極，傷我稼穡」句。困學紀聞卷三云：「元城謂韓詩有雨無極篇，序云：『無極正大夫，刺幽王也。』篇首多『雨無其極，傷我稼穡』八字。」（王應麟困學紀聞卷三，四部叢刊三編景元本）

〔三〕「其」字，底本原無，從四庫本補。

地、父母不能自見，而孝子良醫皆見之，故爲中和以調其氣，爲禮樂以劑其方。不觀禮樂，則不知仁人孝子之志也。董生曰：「春喜、夏樂、秋憂、冬悲，以夏養春，以冬喪秋，大人之志也。是故先愛而後嚴，樂生而哀終，天之常[一]也。人資於天，大德而小刑。是故人主近天之所近，遠天之所遠，大天之所大，小天之所小。是故天數右陽而不右陰，務德而不務刑。刑之不可任以成世也，猶陰之不可任以成歲也。爲政而任刑，謂之逆天，非天道也。」（春秋繁露卷十一陽尊陰卑、王道通）故如董生，則亦通於仁義禮樂之旨者矣。

樂也者，情之不可變者也。禮也者，理之不可易者也。樂統同，禮辨異。禮樂之説，管乎人情矣。窮本知變，樂之情也；著誠去僞，禮之經也。禮樂偵天地之情，達神明之德，降興上下之神，而凝精粗之體，領父子君臣之節。是故大人舉禮樂，則天地將爲昭焉。（禮記樂記）

通情理而言之猶未及於性也，謂[二]是窮本知變者得其經義，則不變之情，非性而何乎？情不變，理不易，故神明司教，而天地之經義可則也。孟子曰：「仁之實，事親是也；義之實，從兄是也。智之實，知斯二者弗去是也；禮之實，節文斯二者；樂之實，樂斯二者，樂則生矣；生則惡可已，惡可已，則不知手之舞之、足

[一] 常，原作「當」，從康熙本、四庫本改。
[二] 謂，康熙本同，四庫本作「惟」。

之蹈之。」（孟子離婁上）是則謂不易不變，昭於天地者矣。詩曰：「永言孝思，昭哉嗣服。」（詩經大雅下武）嗣天地而昭日月，則亦此志也。

記曰：「禮樂不可斯須去身。致禮以治躬則莊敬，莊敬則威嚴[二]。致樂以治心，則易、直、子、諒之心油然生矣。易、直、子、諒之心生則樂，樂則安，安則久，久則天，天則神。天則不言而信，神則不怒而威。」（禮記樂記）

若此，則教化之所從出也。教先於身，身先於心，心治則身治，身治而後天下可治也。爲樂不足以治心，爲禮不足以治身，而曰則天因地以順天下，則其道絀而不可繼矣。大學傳曰：「堯、舜帥天下以仁，而民從之；桀、紂帥天下以暴，而民從之。其所令反其所好，而民不從。是故君子有諸己而後求諸人，無諸己而後非諸人。所藏乎身不恕，而能喻諸人者，未之有也。」故恕者，合愛敬而出之也，合愛敬而出之，又合愛敬而藏之，而後惡慢去於身，惡慢去於身，而後德教加於人。孟子曰：「反身而誠，樂莫大焉。強恕而行，求仁莫近焉。」（孟子盡心上）不誠不恕而以則天因地，故求之日以至，去之日以遠也。

中心斯須不和不樂，則鄙詐之心入之矣。外貌斯須不莊不敬，則易慢[三]之心入之矣。

[二] 威嚴，康熙本同，四庫本作「嚴威」。按禮記爲「嚴威」。

[三] 易慢，康熙本、四庫本皆作「慢易」。按禮記爲「易慢」。

故樂也者，動於内者也。禮也者，動於外者也。樂極和，禮極順，内和而外順，則民瞻其顔色而弗與争也，望其容貌而民不生易慢[二]焉。故德輝動於内而民莫不承聽，理發於外而民莫不承順。故曰：致禮樂之道，舉而措之，天下無難矣。（禮記樂記）

鄙詐者何？蓋言惡也。易慢者何？蓋言慢也。惡慢見於一人，則愛敬弛於天下。禮樂者，愛敬之極也。愛以導和，敬以導順，内和外順，故博愛、德義、敬讓、禮樂，因之而生。故舍愛敬，先王無以爲教也。非無以爲教，亦無以爲身。非無以爲身，亦無以爲心。孟子曰：「君子所以異於人者，以其存心也。」（孟子離婁下）君子以仁存心，以禮存心，鄙詐易慢則庶乎遠矣。

樂者爲同，禮者爲異。同則相親，異則相敬。樂勝則流，禮勝則離。合情飾貌者，禮樂之事也。禮義立，則貴賤等矣。樂文同，則上下和矣。好惡著，則賢不肖别矣。刑禁暴，爵舉賢，則政均矣。仁以愛之，義以正之。如此則民治行矣。（禮記樂記）

夫以孝爲教者，好惡刑禁亦何所事乎？曰：聖人治民，有不得已也。博愛以先之，德義以陳之，敬讓以申之，禮樂以道之，而民性未動。先王亦曰民未知禁也。示之以好惡，使知禁焉耳。好惡者，聖人之心行也。

[二] 易慢，康熙本、四庫本皆作「慢易」。按禮記爲「易慢」。

董生曰：「人主之好惡喜怒，乃天之煖清寒暑也，不可不審禁而出也。當暑而寒，當寒而暑，必爲惡歲也。人主當喜而怒，當怒而喜，必爲亂世矣。故人主之大守在於謹藏而禁内，使好惡喜怒必當義乃出。若煖清寒暑之當時乃發也，則可謂參天矣。」（春秋繁露卷十一王道通）董生亦得中和之意也，然而未本；本者，反身之謂也。孟子曰：「愛人不親反其仁，治人不治反其智，禮人不答反其敬。行有不得者，皆反求諸己，其身正而天下歸之。」（孟子離婁上）記曰：「樂者，施也。禮者，報也。樂，樂其所自生；禮，反其所自始。」（禮記樂記）報情反始，則通於先王之所教治者矣。

禮主其減，樂主其盈。禮減而進，以進爲文；樂盈而反，以反爲文。禮減而不進則銷，樂盈而不反則放，故禮有報而樂有反。禮得其報則樂，樂得其反則安。禮之報，樂之反，其義一也。（禮記樂記）

報反者，敬讓之謂也。敬讓者，孝子所謂禮樂也。孝子之於天下，無所好惡。其所好者，觀樂以知盈；其所惡者，觀禮以知減。減而得其報，盈而得其反。合同而化，反心而安，如此而已矣。大禮之報天地，大樂之反祖考，是仁人孝子之志也。然而仁人孝子不敢以爲教，仁人孝子亦曰「吾幸而得愛敬之報，亦幸而不受惡慢之反」云耳。詩曰「投我以桃，報之以李。彼童而角，實訌〔二〕小子」（詩經大雅抑），是古人所致其敬讓也。匡衡

〔二〕訌，康熙本同，四庫本作「虹」。按詩經爲「虹」。虹，通「訌」，失敗無成。

曰「朝有變色之言，則下有爭鬭之患。上有自專之士，則下有不讓之人。上有克勝之佐，則下有傷害之心。上有好利之臣，則下有竊盜之民」（漢書卷八十一匡張孔馬傳第五十一），是仁人孝子所亟反於本也。

樂由中出，禮自外作。樂由中出，故静；禮自外作，故文。大樂必易，大禮必簡。樂至則無怨，禮至則不争。揖讓而治天下者，禮樂之謂也。（禮記樂記）

禮樂之易簡，夫非孝弟而何乎？至孝則無怨，至弟則不争。孝非内也，弟非外也。而至孝多情，至弟多文，或以内順，或以外順，内外交讓，而至教被於天下矣。故讓者，孝敬之著於外者也。子曰：「觴酒豆肉，讓而受惡，民猶犯齒。衽席之上，讓而坐下，民猶犯貴。朝廷之位，讓而就賤，民猶犯君。」甚矣！揖讓之難治也，夫非大孝而能之乎？〔二〕（禮記坊記）書曰「允恭克讓，光被四表，格于上下。克明俊德，以親九族，九族既睦，平章百姓，百姓昭明」（尚書虞書堯典），是堯、舜之化也。孟子曰：「堯、舜之道，孝弟而已矣。」（孟子告子下）

子言之：「君子貴人而賤己，先人而後己，則民作讓。」又云：「有國家者，貴人而

〔二〕「子曰：『觴酒豆肉，讓而受惡，民猶犯齒。衽席之上，讓而坐下，民猶犯貴。朝廷之位，讓而就賤，民猶犯君。』甚矣！揖讓之難治也，夫非大孝而能之乎？」康熙本作「子曰：『觴酒豆肉，讓而受惡。朝廷之位，讓而就賤，民猶犯君。』甚矣！揖讓之難治也，夫非大孝而能之乎？」四庫本無此句。

賤祿，則民興讓；尚技而賤車，則民興藝。」又云：「善則稱人，過則稱己，則民不爭。善則稱人，過則稱己，則怨益亡。」又云：「善則稱人，過則稱己，則民讓善。」「善則稱君，過則稱己，則民作忠。」（禮記坊記）

甚哉，教者之通於性也！民性好善，示之以善，無不任，與之以善，又無不讓也。任善而喜，喜出於愛，愛以爲樂。讓善而若愧，愧出於敬，敬以爲禮。聖人與人一言，而博愛、德義、敬讓、禮樂、好惡皆備者，與善之謂也。孟子曰：「君子莫大乎與人爲善。」（孟子公孫丑上）與人爲善，天地之經義也。

天子有善，讓德於天。諸侯有善，歸諸天子。卿大夫有善，薦於諸侯。士、庶人有善，本諸父母，存諸長老。祿爵慶賞，成諸宗廟，所以示順也。（禮記祭義）

天地、日月、山川、嶽瀆，此四者皆讓也，故讓，孝之實也。子曰：「能以禮讓於爲國乎，何有？不能以禮讓爲國，如禮何？」（論語裏仁）大學傳曰「一家仁，一國興仁。一家讓，一國興讓。一人貪戾，一國作亂」，言因性立教者之好惡不可不審也。本愛本敬，去惡去慢，以明順於天下，非讓莫由矣，故曰讓者，孝之實也。

右傳十五則

孝治章第八

子曰：「昔者明王之以孝治天下也，不敢遺小國之臣，而況於公侯伯子男乎？故得萬國之懽心，以事其先王。」

愛敬著於心，則惡慢遠於人；惡慢著於心，則怨黷〔一〕生於下矣。聚順承懽，人道之至大者也。易曰：「雷出地奮，豫；先王以作樂崇德，殷薦之上帝，以配祖考。」（易傳豫卦大象傳）夫得萬國而不得其懽心，雖得萬國安用乎？孟子曰：「天下大悦而將歸己。視天下悦而歸己猶草芥也，惟舜爲然。舜盡事親之道，而瞽瞍底豫。瞽瞍底豫，而天下化。瞽瞍底豫，而天下之爲父子者定。」（孟子離婁上）若舜可謂得萬國之歡心者矣。詩曰「媚茲一人，應侯順德」（詩經大雅下武），舜之謂也。

「治國者，不敢侮於鰥寡，而況於士民乎？故得百姓之懽心，以事其先君。」

治國而侮士民，則驕溢之過也。驕溢者，富貴之過也。驕溢不長存，富貴不長保，故失社稷、怒人民者比

〔一〕黷，康熙本同，四庫本作「讟」。

比也。書曰「懷保小民，惠鮮鰥寡。自朝至於日中昃，不遑暇食，用咸和萬民」（尚書周書無逸），詩曰「惠于宗公，神罔是怨，神罔是恫〔一〕」（詩經大雅思齊），文王之謂也。

「治家者，不敢失於臣妾，而況於妻子乎？故得人之懽心，以事其親。」

言非法言，行非法行，則其臣妾妻子意而薄之矣，又以富貴怒其妻子，則是絕祀也。孟子曰：「身不行道，不行於妻子；使人不以道，不能行於妻子。」（孟子盡心下）以孝爲治者常思其親，則親愛、畏敬、賤惡、哀矜、傲惰，此五僻者無由而生也。夫愛敬而亦有僻者乎？愛敬不於其親而愛敬它人，故其親怒於上而衆怨於下也。

「夫然，故生則親安之，祭則鬼享之。是以天下和平，災害不生，禍亂不作，故明王之以孝治天下也如此。」

甚矣，聚順之大也！聚天下之懽心以致二人之養，是薦上帝配祖考之所從始也。生則聚順以爲養，死則聚順以爲祭。去人之力而用其志，用人之志而萃其心，是仁人孝子之極致也。孟子曰：「桀、紂之失天下也，失其民也；失其民者，失其心也。得天下有道：得其民，斯得天下矣；得其民有道：得其心，斯得民矣。」（孟子離婁上）夫不得民之心而欲以養其親，猶以草澤之牛豕爲智也。詩曰「綏以多福，俾緝熙于純嘏」（詩經周頌載見），多福純嘏，非合天下之愛敬而能之乎？

〔一〕「神罔是怨，神罔是恫」，底本原作「神网是怨，神网是恫」，從康熙本、四庫本改。按詩經大雅思齊爲「神罔時怨，神罔時恫」。

「詩云：『有覺德行，四國順之。』」

覺者，所爲教也。教者，所爲孝也。民心不懽，天下不順，雖貞子無以順於父母。故災害禍亂，則民心之不順爲之也。和氣生則衆志平，衆志平則怨惡息，天人交應而鬼神從之。書曰「協和萬邦，黎民於變時雍」（尚書虞書堯典），蓋言順也。唐虞之治非聚衆順而能有此乎？故曰「明於順，然後能守危也」（礼记礼运），是之謂也。

右經第八章

大傳第八

昔者聖人建陰陽天地之情，立以爲易。易抱龜南面，天子衮冕北面。雖有明知之心，必進斷其志焉，示不敢專，以尊大也。（禮記祭義）

尊大者，至天子而極矣。北面以受蓍龜，則又何惡慢之有乎？古者諸侯之卿士見於天子，皆有宴享勞來焉。大夫而下，猶使卿士燕之，所以達萬國之情也。賈生曰：「大禹之治天下也，諸侯萬人，禹壹皆知其體。禹豈能聞見而識之也？諸侯朝會，禹親服之；其士月朝，禹親見之，是以禹一皆知其體也。然且禹猶大恐，諸侯會，則問諸侯曰：『諸侯以寡人爲驕乎？』朔日士朝，則問於士曰：『諸大夫以寡人爲汰乎？聞寡人之驕汰，不告寡人者，是滅天下之教也，寡人之所惡也。』」（新書卷九修正語上）故如禹者，則可謂以孝立教者矣。天下諸侯聖禹而神鯀，不言鯀之罪，又從而神之，則亦謂此也。

天子視學，大昕鼓徵，所以警衆也。天子至，命有司行事，興秩節，祭〔一〕先師、先聖焉〔二〕。有司卒事反命，始〔三〕。適東序，釋奠於先老，遂設三老、五更、群老之席位焉。適饌省醴〔四〕，養老之珍具〔五〕，遂發咏焉，退修之以孝養也。反，登歌清廟，既歌而語，言君臣、父子、長幼之道，合德音之致，禮之大者也。下管象，舞大武，大合衆以事，達有神，興有德也。正君臣之位，貴賤之等。有司告以樂闋，王乃命公、侯、伯、子、男及群吏，曰「反養老幼于東序」，終之以仁也。（禮記文王世子）

記曰：「古之人一舉事，而衆知其德之備也。」（禮記文王世子）衆知其德之備，則其懽心安往乎。故記之致

〔一〕祭，原作「事」，據禮記文王世子，從康熙本、四庫本改。

〔二〕「焉」字，原無，據禮記文王世子，從康熙本、四庫本補。

〔三〕禮記文王世子爲「始之養也」，底本、康熙本、四庫本均作「始」。

〔四〕醴，原作「禮」，據禮記文王世子，從康熙本、四庫本改。

〔五〕養老之珍具，原作「養老琁畢具」，據禮記文王世子，從康熙本、四庫本改。

詳者，視學是也。始慮之以大，既愛之以敬，行之以禮，修之以孝，養紀之以義，終之以仁。自鼓徵而興秩，釋奠而設位，適饌省醴〔二〕而發咏，修養而登歌，登歌而道古，管舞而合衆，辨位而尚齒，樂闋乃命畢，養於東序，凡十有五禮，皆所以〔三〕萃天下之歡心也。萃天下之歡心，非學孰始之乎？詩曰「於倫鼓鐘，於樂辟雍。鼉鼓逢逢，矇瞍奏公」（詩經大雅靈臺），是周人之樂文王也；「其馬蹻蹻，其音昭昭，載色載笑，匪怒伊教」（詩經魯頌泮水），是魯人之樂僖公也。故道之可以懽樂邦國者，莫學若也，學而後燕射、朝聘、喪祭之務可以備禮也。

凡養老，有虞氏以燕禮，夏后氏以饗禮，殷人以食禮，周人修而兼用之。五十養於鄉，六十養於國，七十養於學，達於諸侯；八十拜君命，一坐再至，瞽亦如之；九十使人受。天子欲有問焉，則就其室，以珎從。七十不俟朝，八十月告存，九十日有秩。五十不從力政，六十不與服戎，七十不與賓客之事，八十齊喪之事弗及也。（禮記王制）

燕禮，一獻，坐而飲酒，親之也。饗禮，體薦不食，盈罇不飲，尊之也。食禮，坐而不飲。殽飯之設，愛而致慤。春夏燕饗，秋冬用食，則敬而文矣。文者，敬之將衰者也。

有虞氏皇而祭，深衣而養老；夏后氏收而祭，燕衣而養老；殷人冔而祭，縞衣而養

〔二〕醴，原作「禮」，據禮記文王世子，從康熙本、四庫本改。
〔三〕「以」字，底本、康熙本無，從四庫本補。

老；周人冕而祭，玄衣而養老。凡三王養老，皆引年。八十者，一子不從政；九十者，其家不從政；廢疾非人不養者，一人不從政。父母之喪，三年不從政；齊衰、大功之喪，三月不從政。（禮記王制）

冕而祭，祭而後養之，夫有天地神明之意焉。以天子之尊，敬人之父兄，神明其事，尊若天地，親若父母。故道之可以權樂於天下者，則莫養老若也。

祭之道，孫爲王父尸，所使爲尸者，於祭者子行也。父北面而事之，以明子事父之道也。尸飲五，君洗玉爵獻卿；尸飲七，以瑶爵獻大夫；尸飲九，以散爵獻士及群有司，皆以齒。先期旬有一日，君夫人皆致齊，乃會於太廟。君純冕立於阼，夫人副褘立於東房。君執圭瓚祼尸，大宗執璋瓚亞祼。及迎牲，君執靷〔一〕，〔二〕卿大夫從，士執芻，宗婦執盎從夫人薦涚水。君執鸞刀羞嚌，夫人薦豆。及入舞，君執干戚就舞位，君爲東上，冕而總干，率其群臣，以樂皇尸。是故天子之祭也，與天下樂之；諸侯之祭也，與

〔一〕靷，康熙本同，四庫本作「紖」。按禮記同四庫本。
〔二〕「靷」字後，底本有小字雙行注釋「君迎牲而不迎尸，尸在廟門外，則疑於臣，在廟中，則全於君」，康熙本小字雙行注釋「君迎牲在尸，尸在廟門外，則疑於臣，在廟中，則全於君」，四庫本無。

竟内樂之，此其義也。（禮記祭統）

記曰：「禮之近於人情者，非其至也。」（禮記祭器）祭之有尸，三代共之，以明祖孫之義焉，以通神人之奧焉，以嚴父子之報焉，以敦親屬之紀焉，四者而猶未盡也，故三代皆用之。天子之所不臣者二：當其在師，則不臣也；當其在尸，則不臣也。故道之可樂者，莫[一]師與尸若也。非爲是可樂，謂不如是則無以事其親。天子行之於廟，諸侯行之於國，大夫士行之於家，增志明重，莫之敢非，率是道也，又何所惡慢之有？詩曰「旨酒欣欣，燔炙芬芬。公尸燕飲，無有後艱」（詩經大雅鳧鷖），盛世之事也；「神具醉止，皇尸載起。鼓鐘送尸，神保聿歸」（詩經小雅楚茨），追盛之意也。其足以懽會萬國，崇報於祖考則一也。

古之人有言曰「善終如始」，餕其是已。「尸亦餕鬼神之餘也」，尸謖，君與卿四人餕。君起，大夫六人餕，臣餕君之餘也。大夫起，士八人餕，賤餕貴之餘也。士起，各執其具以出，陳於堂下，百官進而撤之，下餕上之餘也。凡餕之道，每變以衆，所以別貴賤之等而興施惠之象也。（禮記祭統）

記曰：「廟中者，竟内之象也。上有大澤則惠必及下，顧先後異耳，非上積重而下有凍餒之民。」（禮記祭

[一] 莫，底本、康熙本均作「有」，從四庫本改。

統）夫使上有積重之勢，下有凍餒之民，雖日行餕獻鼓鐘磬管，足以聚天下之懽心乎？曰：聖人在上，報本反始，使人皆有父之尊，有母之親。祁寒暑雨，不怨其上，胡爲其有遺言〔一〕也？孟子曰：「君子之於物也，愛之而弗仁；其於民也，仁之而弗親。親親而仁民，仁民而愛物。」（孟子盡心上）聖人而猶有遺民，亦寄痌瘝焉而已矣。詩云：「雨我公田，遂及我私。彼有不穫穉，此有不斂穧。彼有遺秉，此有滯穗，伊寡婦之利。」（詩經小雅大田）

祭有畀輝、胞、翟、閽者，惠下之道也，有德之君爲能行此。明足以見之，仁足以與之，能以其餘畀下者也。輝者，甲吏之賤者也。胞者，肉吏之賤者也。翟者，樂吏之賤者也。閽者，守門之賤者也。以至尊既祭之末，不忘至賤，以其餘畀之，是故明君在上，則竟內之民無有凍餒者矣。（禮記祭統）

傳曰：「旅酬下爲上，所以逮賤也。」（中庸）逮賤之道，至於輝胞翟閽而至矣。以聖人之不殺也，而骨革羽毛取之鳥獸牲牷肥腯，供之祭祀。以聖人之不刑也，而有墨者守門。古者刑人不使守門，閽之用刑人，則自周而降也。聖人祭祀而皆畀其餘，使諸賤吏亦皆有駿奔將事之意焉。天下之懽心，則自此聚也。易曰「澤上於地，萃」（易傳萃卦大象傳），衆萃而澤及之，大牲享廟，餘以逮下。以此教惠，猶有惡慢而骫於刑人者。

〔一〕言，康熙本同，四庫本作「民」。

古者明君，爵有德而祿有功，必賜爵祿於太廟，示不敢專也。祭之日，一獻，君降立於阼階之南，南鄉。所命北面。史由君右，執策命之。再拜稽首，受書以歸，而舍奠于其廟。（禮記祭統）

諸侯之卿，天子之大夫、士，有德有功，天子皆自廟命之，示不敢專且勸善也。尸飲五，君既獻，卿降立于阼階之南，示不當尊且教謙也。卿大夫、士，各以其策舍奠祖廟。諸侯行於其國，卿大夫行於其家，而尚德貴功、重祖敬宗之義達於天下矣。詩曰「彤弓弨兮，受言藏之。我有嘉賓，中心貺之。鐘鼓既設，一朝饗之」（詩經小雅彤弓），藏之於廟，饗之於朝，出師而告冢土，獻馘而告明堂。詩曰「乃立冢土，戎醜攸行，淑問如皋陶，在泮獻囚」（詩經大雅綿），於以昭示天下，得其懽心，以不怍於先王、先公，其義則一也。

孔子對哀公曰：「古之爲政，愛人爲大。所以治愛人，禮爲大；所以治禮，敬爲大；敬之至矣，大昏爲大。大昏至矣！大昏既至，冕而親迎，親之也。親之也者，親之也。是故君子興敬爲親，舍敬是遺親也。弗愛不親，弗敬不正，愛與敬其政之本與？」公曰：「冕而親迎，不已重乎」？孔子愀然作色，曰：「合二姓之好，以繼先聖之後，以爲天地宗廟社稷之主，君何謂已重乎？」（大戴禮記哀公問於孔子）

大昏，人道之始也。冕而親迎，所以教敬愛之始也。所以教敬愛者，非爲敬愛其妻子，爲敬愛其親也。家人之上九曰「有孚威如，吉」，冕而親迎，威如之謂也。威如而後有終，有終而後不愧於先君。書曰「愼厥終，惟其始」（尚書商書仲虺之誥），又曰「始于家邦，終于四海」（尚書商書伊訓），是之謂也。

又曰：「昔三代明王之政，必敬其妻子也有道。妻也者，親之主也，敢不敬與？子也者，親之後也，敢不敬與？」（大戴禮記哀公問於孔子）

夫子是言蓋爲敬身也。敬親則敬身，敬身則必敬其妻子。故曰「身以及身，子以及子，妃以及妃，行此三者，則愾乎天下矣」（禮記哀公問），故冠昏之禮，先王所聚懽心之始也。

諸侯燕禮之義：君立阼階之東南，南鄉，爾卿大夫皆少進，定位也。君席阼階之上，居主位，西面特立，莫敢適之義也。設賓主，使宰夫爲獻主，臣莫敢亢也。不以公卿爲賓，以大夫爲賓，明嫌之義也。賓入中庭，君降一等而揖之。君舉旅於賓，及君所賜爵，皆降再拜稽首，升成拜，明臣禮也。君答拜之，禮無不答，明君上之禮也。臣下竭力盡能以立功於國，君必報之以爵祿。故禮無不答，言上之不虛取於下也。上明正道以道民，民道之有功，然後取其什一，是以上下和寧而不相怨也。（禮記燕義）

禮無不荅，以君而荅臣，是拜揖之重於爵禄也。記〔一〕曰：「席，小卿次上卿，大夫次小卿，東西爲次，士、庶子以次就位於下。獻君，君舉旅行酬而後獻卿，卿舉旅行酬而後獻大夫，大夫行酬而後獻士，士行酬而後獻庶子。俎、豆、牲體、薦、羞，皆有等差，所以明貴賤也。」（禮記燕義）古之爲君者以此敬愛其臣下，其臣下猶有不竭力盡能以立功於國者。

聘禮，上公七介，侯伯五介，子男三介，所以明貴賤也。介紹而傳命，君子於其所尊弗敢質，敬之至也。三讓而後傳命，三讓而後入廟門，三揖而後至階，三讓而後升，所以致尊讓也。君使士迎于竟，大夫郊勞，君親拜迎於大門之内而廟受，北面拜貺，拜君命之辱，所以致敬也。（禮記聘義）

受之於廟，拜之於廟，天子於諸侯之卿，猶且如此乎？晉文公拜襄王之命，盡禮而恭，内史興以爲必霸。隨會聘於周，定王親享之。郤至告捷於周，未將事而飲王尗酒，非禮也。古之盡禮於聘享者，非爲其諸侯大夫，亦各爲其先王先公也。詩云：「我孔熯矣，式禮莫愆。」（詩經小雅楚茨）夫猶有勉勉不盡其懽者乎，何其言之懃也？

〔一〕記，原作「詔」，從康熙本、四庫本改。

大夫、士相見，雖貴賤不敵，主人敬客則先拜客，客敬主人則先拜主人。凡非弔喪，非見國君，無不答拜者。大夫見於國君，國君拜其辱；士見於大夫，大夫拜其辱；同國始相見，主人拜其辱。君於士，不答拜也；非其臣，則答拜之。大夫於其臣，雖賤，必答拜之。男女相答拜也。（禮記曲禮下）

適於異國，則無不拜也。立於同國，則始相拜也。君不答士，而大夫答其臣，故爲父執而不答其下，非禮也。禮答之，則懽心生；不答之，則怨心生。董生曰「人生有喜怒哀樂之答，春秋冬夏之類也。喜，春之答也。怒，秋之答也。樂，夏之答也。哀，冬之答也。天之副在乎人，人答天之四時而必忠且愛也」（春秋繁露卷十一爲人者天），則堯、舜之治無以加此，是之謂也。

五官之長曰伯，是職方。其擯於天子也，曰「天子之吏」。同姓，天子謂之「伯父」；異姓，天子謂之「伯舅」。九州之長，入天子之國，曰「牧」。同姓，天子謂之「叔父」；異姓，天子謂之「叔舅」。（禮記曲禮下）

周室至於春秋三百餘年矣，列國諸侯或十三四世或十四五世，而天子皆稱之曰伯父、叔父、伯舅、叔舅，何也？曰：尊之也，親之也。尊以生敬，親以生愛，敬愛出於天子，不復爲等。詩曰「寧適不來，微我有咎」（詩經小雅伐木），是之謂也。

國君不名卿老、世婦，大夫不名世臣、姪、娣，士不名家相、長妾。君大夫之子，不敢自稱曰「余小子」。大夫士之子，不敢自稱曰「嗣子」。（禮記曲禮下）

凡若是者，所以去慢也。去慢而後無所輕侮，無所輕侮而後無所遺失，無所遺失而猶未可言愛敬也。子言之：「狎侮，死焉而不畏也。」（禮記表記）狎侮，君子罔以盡人心；狎侮，小人罔以盡其力。書曰「左右攜僕，夷微盧烝，文王惟克厥宅心」（尚書周書立政），則是可言愛敬者矣。

君子式黃髮[一]，下卿位；入國不馳，入里必式。君命召，雖賤人，大夫、士必自御之。（禮記曲禮上）

敬者逮上，愛者逮下，苟以先王先公之義通之，則愛敬之義，逮於上下一也。國君式齊牛，大夫士式路馬，召賤御貴，以斯義通之四郊之内，誰復可慢者乎？賈生曰：「堯、舜、禹、湯之治天下也，士民樂之，即位百年，士民猶以爲數也。桀、紂之治天下也，士民苦之，即位皆十年而滅，士民猶以爲太久也。居於上而敬士愛民之謂智，居於上而簡士苦民之爲[二]愚。士民不可不畏，大族多力不可敵也。」（新書卷九大政上）賈生則知所立本矣，未知所立孝也。立孝者，謂是先王先公之遺民也，則猶其遺體也，齊牛路馬猶且敬之，而況其遺體乎？

[一] 髮，原作「發」，從康熙本、四庫本改。
[二] 爲，康熙本同，四庫本作「謂」。

君無故不殺牛，大夫無故不殺羊，士無故不殺犬、豕。君子遠庖廚，凡有血氣之類，弗身踐也。至于八月不雨，則君不舉。又曰年不順成，天子素服，乘素車，食無樂。君衣布搢本，關梁不租，山澤列而〔一〕不賦，土功不興。大夫不得〔二〕造車馬。（禮記玉藻）

甚矣，君子之仁也！君子之仁足以及物，而後孝足以報親。仁不足以及物而曰「孝子」，吾不信也。

國君春田不圍澤，大夫不掩群，士不取麛卵。歲凶，年穀不登，君膳不祭肺，馬不食穀〔三〕，馳道不除，祭事不縣；大夫不食粱，士飲酒不樂。（禮記曲禮下）

夫猶此意也，而又加至矣。蒐苗獮狩之中，而亦有孝子焉，殺一草一木必以其時，則亦謂此也。夫有致謹於此，而曰「傲然惡慢其士民」者，則亦少矣。

卿大夫疾，君問之無筭；士壹問之。君於卿大夫，比葬不食肉，比卒哭不舉樂；士比殯不舉樂。卿大夫之喪，公視大斂，君升，商祝鋪席，乃斂。天子及隣國之君，亦皆使人弔其不淑也。（禮記雜記）

〔一〕「列而」二字原無，據禮記玉藻，從康熙本、四庫本補。
〔二〕「得」字，原無，據禮記玉藻，從康熙本、四庫本補。
〔三〕馬不食穀，底本、康熙本皆無，據禮記曲禮下，從四庫本補。

若是以待其臣庶，則可謂盡矣。天子以是待其公卿，公卿以是待其大夫、士，大夫、士以是待其隣里族黨，無不盡者，而後天下之懽心得。天下之懽心得，而後天下之孝養可聚也。故災害旤亂皆天下之戾心爲之也。民心和平，則災害不生，旤亂不作。賈生曰：「民無不爲本也，民無不爲命也，民無不爲功也，民無不爲力也。菑之與福，非降在天，降之於士民也。」（新書卷九大政上）可不慎乎？

子曰：「舜其大孝也與！德爲聖人，尊爲天子，富有四海之内，宗廟饗之，子孫保之。故大德必得其位，必得其禄，必得其名，必得其壽。」（中庸）

禄位名壽，非得天下之歡心而能如此乎？歡心不得，雖萬乘之禄無以爲富，九五之尊無以爲貴。賈生曰：「君子之貴也，士民貴之，故曰貴也。君子之富也，士民富之，故曰富也。」（新書卷九大政上）其壽也，則亦曰士民壽之，故曰壽也。桀、紂、盜跖身没之後，民以相詬，夫非不得其歡心以至於此乎？不得其歡心而有其家國天下，是亂臣賊子所接踵於世也。

子言之曰：「後世雖有作者，虞帝弗可及也已矣[二]。君天下，生無私，死不厚其子，子民如父母。有憯怛之愛，有忠利之教，親而尊，安而敬，威而愛，富而有禮，惠而能

〔二〕「後世雖有作者，虞帝弗可及也已矣」，原作「後世有作者，虞帝弗可及也矣」，據禮記表記，從康熙本、四庫本改。

散。其君子尊仁畏義，恥費輕實，忠而不犯，義而順，文而靜，寬而有辨。」（禮記表記）

夫虞帝之所以得此，則亦曰得天下之懽心而已矣。懽心不得，則無以事親。無以事親，又何以教其君子？虞帝之教，曰：「吾盡吾敬以事吾上，故見爲忠焉。吾盡吾敬以接吾敵，故見爲信焉。吾盡吾敬以使吾下，故見爲愛焉。是以見親愛於天下之民，見貴信於天下之君。吾取之以敬也，吾得之以敬也。」（新書卷九修政語上）故敬者，教之本也。不遺小臣，不侮鰥寡，不失臣妾，此三者，安享天下之本也。子曰「出門如見大賓，使民如承大祭。己所不欲，勿施於人。在邦無怨，在家無怨」（論語顏淵），舜之謂也。

故聖人耐以天下爲一家，以中國爲一人，非意之也，必知其情，辟於其義，明於其利，達於其患，然後能爲之。聖人之所以治人七情，修十義，講信修睦，尚慈讓，去爭奪，舍禮何以治之乎？（禮記禮運）

禮者何？曰孝而已。孝者何？曰敬而已。敬者何？曰不敢遺失，不敢惡慢而已。記曰：「喜、怒、哀、樂〔一〕、愛、怨〔二〕、欲，七者，謂之人情。父慈、子孝、兄良、弟弟、夫義、婦聽、長惠、幼順、君仁、臣忠，十者謂之人義。講信修睦，謂之人利。爭奪相殺，謂之人患。」（禮記禮運）夫是數者歸之和平，則天下猶之一

〔一〕樂，康熙本同，四庫本作「懼」。按禮記同四庫本。
〔二〕怨，康熙本、四庫本皆作「惡」。按禮記爲「惡」。

家，中國猶之一人而已。故情義利患，不如歡心之約也。得其歡心，則情義利患可以不問也。詩曰「亦有和羹，既戒既平。鬷格無言，時靡有爭」（詩經商頌烈祖），是之謂也。

右傳二十二則

聖德章第九

曾子曰：「敢問聖人之德，無以加於孝乎？」子曰：「天地之性，人爲貴。人之行，莫大於孝。孝莫大於嚴父，嚴父莫大於配天，則周公其人也。」

天地生人，無所毀傷。帝王聖賢，無以異人者，是天地之性也。人生而孝，知愛知敬，不敢毀傷，以報父母，是天地之教也。天地日生人而曰父母生之，天地日教人而曰父母教之，故父母天地日相配也。聖人之道，顯天而藏地，尊父而親母。父以嚴而治陽，母以順而治陰，嚴者職教，順者職治。教有象而治無爲，故曰嚴父，不曰順母，曰配天，不曰配地，是聖人之道也。知性者貴人，知道者貴天，知教者貴敬。敬者，孝之質也。古之聖人，本天立教，因父立師，故曰資愛事母，資敬事君。敬愛之原，皆出於父，故天父君師，四者立教之等也。書曰：「天佑下民，作之君，作之師，惟其克相上帝，寵綏四方。」（尚書周書泰誓）鳥獸知母而不知父，衆人知父而不知天。有知嚴父配天之説者，則通於聖人之道矣。

「昔者，周公郊祀后稷以配天，宗祀文王於明堂，以配上帝。是以四海之内，各以其職來祭。夫聖人之德，又何以加於孝乎？」

夫道至於嚴父而至矣。周人祀后稷而不祀姜嫄，配文王而不配太姒，郊社明堂於此則必有取之也。郊社之義，三代異用也。社之言地，方澤之義也。郊之言天，圜丘之制也。后稷之配太社則自夏、商而始也，尊稷以配天則獨周之制也，祖文王而宗武王則自成、康而始也。太王、王季不敢言祧，皇矣之雅、天作之頌是也，故議禮者不可不審也。郊后稷以配天，祀文王以配上帝，非周公之聖則莫之爲也。不當周公之身而議郊祀之禮，則禘嚳而郊稷，祖文王而宗武王，作者之意於是止也。明堂之歲有六祀焉，四立五帝、季秋大享是也。南郊有三：冬至迎長、上辛祈穀、龍見大雩是也。歲一祀后稷而八享文王，聖人之尊親，不以疏數爲隆殺也。其敬益至，則其禮益簡，簡之者何？嚴之也。天嚴則曰父，父嚴則配天，后稷祖也。以天之嚴嚴之，則亦曰父，故配天之父，非禰之謂也。以嚴而生敬，以敬而生孝，以孝而生順，不如是不足以立教。故郊祀明堂，性教之合也。四海於是觀嚴，則於是觀順焉。詩曰「儀式刑文王之典，日靖四方」（詩經周頌我將），蓋謂是也。夫當文王之身，躬集天〔一〕命，則必配稷於南郊，配王季於明堂，然且文王不爲之，而文王不以是損孝，又留其緒以畀於〔二〕周公。詩曰：「維此王季，帝度其心。貊其德音，其德克明。克明克類，克長克君。王此大邦，克順克比。比于文王，

〔一〕天，康熙本同，四庫本作「大」。
〔二〕「於」字，康熙本有，四庫本無。

其德靡悔。既受帝祉，施于孫子。」（詩經大雅皇矣）夫周人亦猶有宗祀王季之心乎？何其言之尊也？然則有虞之不郊瞽瞍，又不祀於明堂，何也？曰溯德與功，則帝嚳、顓頊而下無所置瞽瞍者矣。且受終于文祖則勢不得不宗堯，宗堯則猶之明堂也，至有虞之廟則無所奪瞽瞍之位。子曰：「宗廟饗之。」（中庸）孟子曰：「孝子之至，莫大乎尊親。尊親之至，莫大乎以天下養。爲天子父，尊之至也。以天下養，養之至也。」（孟子萬章上）尊以天子，養以天下，則又何異於享祀明堂之有？

「故親生之膝下，以養父母日嚴。聖人因嚴以教敬，因親以教愛。聖人之教，不肅而成。其政不嚴而治，其所因者本也。」

爲教本性，爲性本天。天嚴而人敬之，地順而人親之。敬之加嚴，親之加忘。人託於地不知有地，覆於天惟知有天，其漸然也。故嚴者始教者也，親者終養者也。人養於膝下，鳥獸昆蟲養於山澤，其養之皆地，其教之皆天也。聖人不嚴其養之，而嚴其教之者，故人皆知父之尊，知母之親，以教萬物，親親、長長、老老、幼幼，不失其所，故教愛者不煩，教敬者不傷。君之於父，父之於師，師之於天，其本一也，或曰嚴本於后稷，親本於文王。然則配天之與配上帝有異與？曰：天與上帝，何異之有？周禮典瑞曰「祀天」，又曰「旅上帝」。雖分昊天上帝與五帝之名，其爲天則一也。然則郊祀配天，宗祀配上帝，何也？曰：郊祀者犆祀也，宗祀者時享也，時享五帝而親文王，犆祀昊天而尊后稷。明堂則數里而近，圜丘則數十里而遠。近者愈親，遠者愈尊，仁孝之等也。然則礿、禘、嘗、烝又有四祀，宗廟明堂每歲八舉，得毋已數與？曰：其生也，日三視膳，殁而八享，何謂數也？然則明堂之與辟雍一與？曰：明堂九室，其别五室。辟雍環水，有先聖先老焉，所謂澤宫也。

「父子之道，天性也，君臣之義也。父母生之，續莫大焉。君親臨之，厚莫重焉。」

性者，道也。教者，義也。以養者，父子之道。日嚴者，君臣之義也。分愛於母，故母有父之親；分敬於君，故父有君之尊。父母生之，君親臨之，稟於自然，實命於天，非聖人之所能爲也。然而聖人不教，則天下失性。天下失性，則天失其命。故聖人教人事父以配天，事父以配君。天言大生，君言大臨。大生者得善繼，大臨者載厚德。故曰父子之道，君臣之義，父母生之，君親臨之。言父之上配於天，下配於君，非聖人則不得其義也。

「故不愛其親而愛它人者，謂之悖德；不敬其親而敬它人者，謂之悖禮。以順則逆，民無則焉。不在於善，而皆在於凶德，雖得之，君子不貴也。」

世有不愛其親而愛它人，不敬其親而敬它人者，無有乎哉？天地之道有二：一曰嚴，一曰順。爲嚴以教順，故天覆於地；爲順以事嚴，故地承於天。敬不敢慢，愛不敢惡，得嚴於天者也。敬親而後敬人，愛親而後愛人，得順於地者也。反是爲逆，逆爲凶德。善者，性也，君子以是教人，亦以是自率也，是君子之道也。孟子曰：「人少則慕父母，知好色則慕少艾，仕則慕君，不得於君則熱中。大孝終身慕父母。」（孟子萬章上）

「君子言思可道，行思可樂，德義可尊，作事可法。容止可觀，進退可度。以臨其民，是以其民畏而愛之，則而象之。故能成其德教，而行其政令。」

孟子曰：「行一不義、殺一不辜而得天下，不爲也。」（孟子公孫丑上）敬愛它人而得富貴，君子豈爲之乎？君子敬天則敬親，敬親則敬身。嚴父之道，雖未配天，而身不可不敬也。敬身如天，則敬親亦如天。敬親如天，則亦配天矣。傳曰：「在下位不獲乎上，民不可得而治矣。獲乎上有道，不信乎朋友，不獲乎上矣；信乎朋友有道，不順乎親，不信乎朋友矣；順乎親有道，反身不誠，不順乎親矣；誠身有道，不明乎善，不誠乎身矣。誠者，天之道也；誠之者，人之道也。誠者不勉而中，不思而得，從容中道，聖人也。誠之者，擇善而固執之者也。」（中庸）不思誠，不擇善，苟得以蹈凶逆，則是亂民之行，聖王之所不教也。

「詩云：『淑人君子，其儀不忒。』」

君子而思以淑人善俗，非禮何以乎？禮儀之在人身，所以動天地也。孝子仁人必謹於禮，謹禮而後可以敬身，敬身而後可以事天。傳曰：「大哉聖人之道！洋洋乎！發育萬物，峻極於天。優優大哉！禮儀三百，威儀三千，待其人而後行。故曰苟不至德，至道不凝焉。」（中庸）至德者，孝敬之謂也。

右經九章

大傳第九

記曰：人者，天地之德，陰陽之交，鬼神之會，五行之秀氣也。故天秉陽，垂日星；地秉陰，竅於山川。播五行於四時，和而後月生也。是以三五而盈，三五而闕，五行之動，迭相竭也。（禮記禮運）

人之生，本於月。月，母也。日，父也。月有盈闕〔一〕，而日無盈闕，五行三會，以歸於月。月虚而日滿，日立於不竭，以待月之竭，故日嚴而月順也。月行之遲，二十餘九乃及於日。日行之遲，三百六十餘五乃及於天。天者，君也。日者，父也。月遲成蔀以迎天，日五行六會而及於日〔二〕，日十二會而及於天。故月者，天下之至孝也，天下之至讓也，天下之至敬也，天下之至順也。四者至德，而孝子皆行之，何也？人，月之所生也，生而得其秀。秀者，氣之精柔者也。孝子而不法月，則無所法之。詩曰「假以溢我，我其收之」（詩經周頌維天之命），是之謂也。董生曰：「天之大數畢於十旬。聖人立之，以爲數紀。見其起止，則知貴賤、順逆所在。

〔一〕闕，康熙本同，四庫本作「虧」。
〔二〕日，康熙本、四庫本皆作「巳」。

知貴賤、順逆所在，則天地之情著，聖人之寶出矣。是故陽氣以正月始出，養育於上，積十月而功成矣。人亦十月而生，十月而成，天之道也。物隨陽而出入，數隨陽而終始。三王之正，隨陽更起。數日者，據晝而不據夜；數歲者，據陽而不據陰。丈夫雖賤皆爲陽，婦人雖貴皆爲陰。以此推之，天道皆貴陽而賤陰。」（春秋繁露卷十一陽尊陰卑）是則董生之意，亦專致於嚴父也。嚴父者，事天事君之要義也。

故夫政必本於天，殽以降命。命降於社之謂殽地，降於祖廟之謂仁義，降於山川之謂興作，降於五祀之謂制度。此聖人所以藏身之固也。（禮記禮運）

本天而殽命，故得人之性。本命而殽事，故得人之教。本性立教，故言易立而行易行。立言與行而後其身不傷，身不毀傷而後可藏於天地，故曰「聖人所藏身之固也」。

天尊地卑，君臣定矣。高卑以陳，貴賤位矣。動靜有常，大小殊矣。方以類聚，物以群分，則性命不同矣。在天成象，在地成形，如此，則禮者天地之別也。地氣上隮，天氣下降，陰陽相摩，天地相蕩。鼓之以雷霆，奮之以風雨，動之以四時，煖之以日月，而百化興焉。如此，則樂者天地之和也。化不時則不生，男女無辨則亂升，此天地之情也。（禮記樂記）

情之不可以騁，雖天地猶然也，故爲禮以別之，爲樂以和之。不別不和，則亂升不生，雖天地不能自制也，故聖人以天地之性，制天地之情，所謂教也。天地貴人，而人貴天。父、君、師三者，從天者也。董生曰：「孝子之行，忠臣之義，皆法於地也。地，事天者也。物無有會合者。天地之合，必察其陰陽，別其順逆，顯經而隱權，前德而後刑，故得以變化而成功也。」（春秋繁露卷十一陽尊陰卑）又曰：「天子受命於天，諸侯受命於天子，子受命於父，臣受命於君，妻受命於夫，諸所受命者，其尊皆天也。」（春秋繁露卷十五順命）故曰父之子也可尊，母之子也可卑，尊卑繫於父，不繫於母，無別則亂升，亦嚴父之義也。然則天地不可合祭乎？曰：地之與天不相敵也，郊祭天而社祭地也。社之所以專祭者，爲國也，爲稷也。不然，則皆天也。天之有日月星辰，猶地之有嶽鎮河海也。日月星辰得周於地，嶽鎮河海不得周於天。舍嶽鎮河海則無以見地，舍日月星辰而猶有以見天。雷霆風雨皆出於地，而嶽瀆河海皆應於天。故地之與天不相敵也。然則天地不可分祭乎？曰：郊社分祭也。地之與天則非有二也。五帝殊禮，三王異建，本天者親上，本地者親下，則各從其類也。

昔先王之制禮也，因其物而致其義焉爾。故作大事必順天時，爲朝夕必放於日月，爲高必因丘陵，爲下必因川澤。是故天時雨澤，君子達亹亹焉。是故因天事天，因地事地，因名山升中于天，因吉土以享帝于郊。升中于天而鳳凰降，龜龍假；饗帝于郊而風雨節，寒暑時。是故聖人南面而立，而天下大治。（禮記禮器）

物者，天地所生。義者，仁人孝子所自致也。春秋霜露，君子亹亹，故名山吉土，君子所有事也。舜禮五嶽，封十二山，五載一巡狩，朝會方嶽之下，然二十八載不能五巡四嶽，所以然者，天子所至，諸侯景從，辰極之與日月，道不相倣也。惟南郊明堂俱在國都，天子歲得有事，而禘祫之義尚有限年，則明禋之儀不能頻舉亦可知矣。月令不紀圜丘、方澤之文，周官不紀明堂、四時之祭，惟郊祀、禘嘗備見諸書，故祀天、饗祖兩義特重。三代雖有方澤之文，月令無祀后土之憲。秦祀五畤，漢用六天，遂使汾陰、睢上并重禮官，川嶽風雷分爲異趣，仁孝之思牽於靡文，失其義矣。

大樂與天地同和，大禮與天地同節。和，故百物不失；節，故祀天祭地〔一〕。明則有禮樂，幽則有鬼神，如此則四海之内合敬同愛矣。禮者，殊事合敬者也。樂者，異文合愛者也。禮樂之情同，故明王以相沿也。故事與時并，名與功偕。（禮記樂記）

合敬合愛，天地之情也。愛有同和，敬有同節，聖王之教也。同情而均性，故曰和；同情而殊教，故曰節。禮，各反其所始；樂，各尊其所生。天地陰陽，日月寒暑，各有等差，中其節則和，不中其節則不和。故教之始於嚴父，萬物所受節之始也。

有虞氏禘黄帝而郊嚳，祖顓頊而宗堯。夏后氏禘黄帝而郊鯀，祖顓頊而宗禹。殷人禘

〔一〕故祀天祭地，原作「故天地明察」，據禮記樂記，從康熙本、四庫本改。

嚳而郊冥，祖契而宗湯。周人禘嚳而郊稷，祖文王而宗武王。（禮記祭法）

神農、黄帝皆有明堂，則皆有郊祀。郊祀不始於虞，明堂不始於周，而斷於[一]虞、周者，何也？禮於是而備也。有虞之不郊瞍而宗堯，有夏之不宗舜而郊鯀，皆反於本心而安，揆於衆理而當。質之無疑，俟之不惑。如在今人則又衆喙繁興，互持不下矣。凡創禮出於聖人，議禮本於天子，苟無戾於孝敬，皆不失爲典章。然則文王稱祖，武王稱宗，武王不得正南面之位與？曰：禮之貴，昭穆也。禘祫大饗，則始祖東嚮，太王、文王皆北嚮而稱穆，王季、武王皆南嚮而稱昭。如其月祭七廟各專，俱南面也。或因廟祭以爲昭穆，則俱昭穆之，何必南嚮之有？然則文王、武王之在明堂，有二主與？曰：禮無二主。文王在明堂，則武王在太廟；文王配上帝，則武王不配上帝，何二主之有？曰：嚴父配天爲成王者，如之何？曰：祖即父也。有天下者，各以創天下之父而父之，易世而後，始自爲祖。然猶不敢忘其自始，各以昭穆進於七廟，天地之義，生人之序也。

燔柴於泰壇，祭天也。瘞埋於泰圻[二]，祭地也。用騂犢。埋少牢於泰昭，祭時也。相近於坎壇，祭寒暑也。王宮，祭日也。夜明，祭月也。幽宗，祭星也。雩宗，祭水旱也。四坎、壇，祭四方也。山林、川谷、丘陵，能出雲，爲風雨，見怪物，皆曰神。有天下者

[一] 於，康熙本同，四庫本作「以」。

[二] 圻，康熙本、四庫本皆作「折」。按禮記祭義爲「泰折」。泰折，或作「泰圻」，古代祭地神之處。

祭百神。諸侯在其地則祭之，無其地則不祭。（禮記祭法）

燔柴泰壇，壇之南也。瘞埋泰坼〔二〕，壇之北也。泰昭、坎壇，則猶之南北也。四時之於寒暑一也，而兩祭之，何也？暑極則寒生，寒極則暑生。四時之至，極於南北。夏至爲坎，冬至爲昭，祀二至，則近於天地也。命之曰昭坎，知其爲四時也，曰寒暑，重言之也。王宫，壇之東也。夜明，壇之西也。雩宗，南也。幽宗，北也。禱水旱者，必於盛陽之月。望星辰者，必嚮坎壇之北。命之曰雩幽，知其爲陰陽也。四坎壇，山林、川谷、丘陵也。雲雷風雨出於川谷、丘陵，猶人之有噓氣津澤，故古有所不祀也。祀四坎壇，則四方之嶽瀆川鎮皆載其中，風雷雲雨因而從之。甚矣！古人之微也。然則陰陽出於天地，寒暑生於日月，水旱生於寒暑，而且祀之何也？是即所謂風雲雷雨也。言風雲雷雨則地氣也，疑於天道。言水旱寒暑則天道也，通於人事。聖賢重人患而急民事，故感冬夏而絀霜露。夫亦各有〔三〕其義也。然則是言合祀與？曰：是合祀也，而各有其禮樂焉。然則周官之不言合祀，何與？曰：各一代之制也。周禮冬至祀天于圜丘，夏至祀地于方澤，大宗伯兆大明於東郊，兆夜明于西郊，樂舞各殊，從配異義。然而其文未著，所最著者曰祀，昊天上帝于圜丘耳。然則夫子不取之，何也？曰：聖人之作代各異。尚夏時、殷輅、周冕、虞韶，則固間用之矣，何必周公？然則記之合祭，

〔二〕坼，康熙本同，四庫本作「折」。
〔三〕「有」字，底本原無，從康熙本、四庫本補。

何取之與？曰：各三代之遺也。記曰：「七代所更立者，郊、禘、祖、宗，其餘不變也。」（禮記祭法）然則周公變之，何也？曰：卜洛宅，鎬明堂，辟雍之義，則固有不同者矣。然則月令之迎氣，詳於四立，而簡於二至，何也？曰：月令，夏道也，首以立春。周禮，周道也，首以冬至。首立春者，其盛禮見於祈穀。首冬至者，其盛禮見於秋嘗。仁人孝子則各有取之也。夫不得仁人孝子之意而言郊祀者，亦猶之聚訟而已。

郊之祭也，迎長日之至也[一]，大報天而主日也。兆於南郊，就陽位也。掃地而祭，於其質[二]也。器用陶、匏，以象天地之性也。於郊，故謂之郊。牲用騂，尚赤也。用犢，貴誠也。郊之用辛也，周之始郊日以至。卜郊，受命於祖廟，作龜於禰宮，尊祖親考之義也。（禮記郊特牲）

孝子愛日，迎長履端，報天而主日，配以祖考，受命作龜，則盛德之始事也。周始伐殷，戊午，師逾孟津。星與日辰皆在北維，析木之津，天黿之首，日至在焉。蓋以辛酉祭告天地，癸亥陳師，會朝清明。後世因之首冬至，而祀上辛至，不皆辛也。辛則不卜，至亦不卜也，而猶且卜之，蓋占歲也，故謂之迎長，又謂祈穀。迎長，孝子之事；祈穀，仁人之志，二者可以先後起也。然則至日而辛，如何？曰：夏、周之道，可以兼用

[一] 迎長日之至也，底本、康熙本皆作「迎長至之日也」，據禮記郊特牲，從四庫本改。
[二] 質，原作「軄」，據禮記郊特牲，從康熙本、四庫本改。

也。迎長至則不迎短至，就陽則不就陰。而猶且曰北郊方澤者，何也？曰：鎬、洛之異用，夏、周之殊尚，是不可知也。然而記者，則是夫子之所取也。掃地陶、匏而爲之，壇壝三成，分羅諸祀，何也？曰：聖人有言，汚樽抔〔一〕飲，其勢必變。太羹玄酒，聊從其初，則亦其義也，得其尊祖親考者而已矣。

故祭帝於郊，所以定天位也；祀社於國，所以列地利也；祖廟，所以本仁也；山川，所以儐鬼神也；五祀，所以本事也。（禮記禮運）

郊在都南，社在國中，明天之周於地，地之不周於天也。地不周於天，則祀不在郊之外，明父之治外，母之不得治外也。命降於社之爲殽地，王爲群姓立社，曰泰社；王自爲立社，曰王社；諸侯爲百姓立社，曰國社；諸侯自爲立社，曰侯社；大夫以下，成群立社，曰置社。方言謂母，曰社母，有衆也，父一而已。祀之去司命與泰厲也，進人事而遠鬼神之義也。然則明堂南郊又爲兩祀乎？曰：男子治外，因尊而尊，因親而親。歲首南郊，四時明堂，賓享五帝，又何恠乎？然則社皆在國，郊與明堂皆在郊，明堂不遠於廟與？曰：廟與社之皆在國，親親之義也。郊與明堂之皆在郊，尊尊之義也。天子有郊，諸侯不出其國，等殺之義也。然則諸侯之有外祀，非禮與？曰：因天因地，苟在祀典，則猶之禮也。淳于曰：「明堂在國之陽，三里之外，七里之內。」韓嬰曰：「明堂在南，方七里之郊，故達霜露，則謂之郊。具覆幬則謂明堂。」郊壇之有饗殿則猶之古

〔一〕抔，原作「杯」，從康熙本、四庫本改。按禮記禮運有「汚尊而抔飲」。

也，諸侯之社不盡在公宮之右，則亦猶之古也。

郊之祭，大報天而主日，配以月。夏后氏祭其闇，殷人祭其陽，周人祭日以朝及闇。祭日於壇，祭月於坎，以別幽明，以制上下。祭日於東，祭月於西，以別外内，以端其位。日出於東，月生於西，陰陽長短，終始相巡，以致[一]天下之和。（禮記祭義）

爲郊祀之説則莫明於此也。天無質，以星辰爲質，昊天五帝則皆其名也。天之有主，配者日月而已。陰陽寒暑、雲雷風雨皆生於日，日爲其功而歸於天。日之歸功於天，猶父之歸功於君，君之歸功於天也。故嚴父配天，即報天主日之説也。主天而配祖，主日而配月，此兩者古人之精義也。其不曰報天而配地，何也？曰：人者，天地之心也。日者，亦猶天之心也。敬天而尊其心，則諸形質皆下矣。地之於人，猶腑臟之有包絡也。月之於日，猶腎水之於君火也。聖人之在天地，猶羲陽之在六虚無可配者。月受其光以爲精魄，星受其采以爲光耀，氣受其序以爲遠近。寒暑融結霜露，嘘噏風雷，無非日也。聖人亦猶之日也，以爲配天則不得曰主天，以爲主日則不得曰配日。闇之言宣夜，昕之言蓋彌，日之言渾，亦猶此義也。然則祭日之言壇，祭月之言坎，何義也？曰：壇，旦也，詩曰「旭日始旦」（詩經邶風匏有苦葉）；坎，陷也，易曰：「坎爲水，爲月。」（易传说卦传）古人之爲

[一] 致，底本、康熙本作「配」，據禮記祭義，從四庫本改。

壇、坎，則有所取之也，然則是猶之泰壇、泰折[二]與？曰：一壇也。泰壇、泰折[三]自爲南北，日壇、月坎自爲東西。然則朝日東郊，夕月西郊，日壇九尺，月壇六尺之亦爲當於禮與？曰：聖賢異制，三代殊尚。古之君子不相非也。然而言報天不必言配地，言主日不必言配月。神明之道異於祖妣，必曰天地分合，則亦曰日月分合，祖妣分合。閭巷之義非所精致交於旦明之義也。然則日月東西重言之，何也？曰：以明夫郊天之大報。大報之主日，配祖、主日之非兩事也。大傳曰：「天之所覆，地之所載，日月所照，霜露所墜，凡有血氣者莫不尊親。」（中庸）故曰配天則不必曰配地而尊天之義見，不必曰配月而主日之義見，不必曰祀禰而尊祖之義亦見也。然則日月從於郊，東西從其朔，有從祀亦有專祀禮與？曰：禮以義起，不相非也，而神明之道貴質而賤瀆。五帝之道，三王亦皆兼用之矣。其存者曰享祀明堂而已矣。然則祀之有上帝，又有五帝何昉與？曰：五帝之說，不自周始，蓋羲、軒而前矣。有配天而又有配帝，則自周始也。既已配帝，則不得不言五帝。然則五帝之有異義，何主與？曰：主其似五帝者，則太皞、炎帝、黃帝、少皞、顓頊之爲近似也。

郊所以明天道也。帝牛不吉，以爲稷牛。帝牛必在滌三月，稷牛唯具，所以別事天神與人鬼也。萬物本乎天，人本乎祖，此所以配上帝也。郊之祭也，大報本反始也。（禮記郊特

[二] 坼，康熙本作「坼」，四庫本作「折」。

[三] 坼，康熙本作「坼」，四庫本作「折」。

牲）

天配以祖，祖與天並而牲有隆殺，何也？尊無二上，祖之視天猶君之視祖也。然則卜牲不吉而猶用之，何也？天則卜牲，祖不卜牲，鬼與人親。其卜之示尊，其不卜之示親，非爲擇牲也。然則明堂之禮，帝亦卜牲。文王不擇牲，祫廟之禮。祖亦卜牲，禰不卜牲與？曰：常饗不卜，卜特爲郊禘而用之。帝牲則卜，文王不卜，夫亦有取之，取之帝稷也。然則稷非爲社與？曰：社亦滌牛，周之稱社，非爲帝稷，蓋厲山之子始殖五穀者也。

天子七廟，三昭三穆，與太祖之廟而七。諸侯五廟，二昭二穆，與太祖之廟而五。大夫三廟，一昭一穆，與太祖之廟而三。士一廟。庶人祭於寢。（禮記王制）

祭法曰：「王立七廟一壇一墠，曰考廟、曰王考廟、曰皇考廟、曰顯考廟、曰祖考廟，皆月祭之。遠廟爲祧，有二祧，享嘗乃止。去祧爲壇，去壇爲墠。壇、墠，有禱焉祭之，無禱乃止。去墠曰鬼。」諸侯而下等殺，祧墠亦猶是也。古之作者，尊尊親親，七廟創於天子，以事祖父，謂其功德始於祖父，雖不爲天子，以天子之禮報之。故七廟之設爲其祖父，非爲其孫子也。共王不敢祧太王，則懿王不敢祧季歷。以七世之孫子祧其上世之祖父，席富貴而輕本原，非開創者之意也。然則九廟十一廟，祫祭始廟，同堂異室，孰古者與？曰：祫廟同堂，奉主而祭，雖十一廟猶之一廟也。殷之相土，周之公劉，皆有特廟見之於詩，其不見於詩，而立特廟者，高圉廟是也。七制之有特廟，自漢始也。周三十七君不得各自立廟，則必遞進於二祧之廟。孝、夷不敢祧成、康，猶厲、宣之不敢祧昭、穆，則上祀四世與下祀四世，廣七而十一之，未遠於古也。上祀四世與始祖而五，下祀四世與太祖而五，故祖廟者祖宗之孝，禰廟者孫子之孝。以禰廟而奪祖廟，比近而忘遠，非尊親之意也。書曰「典祀無豐于禰」（尚書商書高宗肜日），言追遠也。然則士有二廟而曰一廟，何也？曰：官師之廟也。天子之下士，諸侯之上士，皆得二廟。廟降而孝子之意不降，祖祖而宗宗，尊尊而親親。子曰「武王、周公，其達孝矣乎」（中庸），是之謂也。

別子爲祖，繼別爲宗，繼禰者爲小宗。有百世不遷之宗，有五世則遷之宗。百世不遷者，別子之後也。宗其繼別子所自出者，百世不遷者也。宗其繼高祖者，五世則遷者也。尊祖故敬宗，敬宗尊祖之義也。（禮記大傳）

敬宗，敬諸侯大夫之義也。別子分藩，有國有家是爲別祖，其子繼之，是爲別宗。魯伯禽之繼周公，鄭武公之繼桓公，是百世不遷者也。康王之繼成王，成王之繼武王，非特廟，則五世猶遷者也。然則繼禰小宗者，何也？猶周文公召康公之世爲卿士，受采於京者也，不然則繼別子之禰者也。宗其繼別子者，百世不遷，猶始開國者在二世之內。宗其繼高祖者，五世則遷，猶後禰廟者在四世之外也。然則天子無後，而外求宗爲繼禰者與？爲繼高祖者與？曰：爲繼高祖者也。繼高祖與繼別子，二典之大者也。繼高祖之禰與繼別子之禰，二典之小者也。然則天子、諸侯無繼禰，而皆繼高祖與？曰：其禰在而繼禰，受命於禰，則是繼禰者也。其禰不在而繼禰，受命於高祖，則是繼高祖者也。然則君不猶父，臣不猶子，昭穆之義，猶欲行於祖禰與？曰：朝則分君臣，廟則分昭穆。五世而外，昭穆相繼，雖不以次，其受命於高祖，爲繼高祖，則一也。然則繼高祖者而入禰廟，不稱孝子與？曰：殷之兄弟繼禰者多矣。其入廟也，皆曰嗣王，明於〔二〕繼及者之不爲繼禰也。謂有高祖之統焉？不祧禰而祧祖，不繼祖而繼禰，是禮之大疵也。然則漢、宋之議禮非與？曰：漢、宋之禮，有受命於禰者也，無受命於禰而繼高祖，則皆繼高祖者也。然則禰廟入嗣，昭穆相次，亦誼不爲父子與〔三〕？曰：殷七八王無爲父子者，其稱嗣王曾孫，與嗣天子，其義一也。

自仁率親，等而上之至于祖；自義率祖，順而下之至于禰。是故人道親親也。親親故尊祖，尊祖故敬宗，敬宗故收族，收族故宗廟嚴，宗廟嚴故重社稷，重社稷故愛百姓，愛百姓故刑罰中，刑罰中故庶民安，庶民安故財用足，財用足故百志成，百志成故禮俗形〔三〕，形然後樂〔四〕。詩云「不顯不承，無斁于人斯」，此之謂也。（禮記大傳）

聖人之治天下，教敬、教愛而不言用賢者，何也？曰：古之王者，皆重世族，其卿大夫、士皆出公族。

〔二〕於，康熙本、四庫本皆作「曰」。
〔三〕「與」字，康熙本、四庫本皆無。
〔三〕形，康熙本同，四庫本作「刑」。按禮記同四庫本。刑，同「形」，成形。
〔四〕形然後樂，康熙本同，四庫本作「禮俗刑然後樂」。按禮記同四庫本。

三代之王，則猶同祖也。季世王者皆出庶姓，其卿大夫、士亦皆庶姓。物博精多，權勢相負，故以公族絀於庶姓，其漸然也。然則孝經之末及於用人，何也？曰：敬[一]愛者，用人之實也。大傳曰「聖人南面而聽天下，所先者五，民不與焉：一曰治親，二曰報功，三曰舉賢，四曰使能，五曰存愛。五者一得，民無不足，無不贍者。五者一紕[二]，民莫得其死」（禮記大傳），是聖人之言用賢也。敬其所尊，愛其所親，尊賢而親親，是嚴父所配於天地也，不然則是庶社之智也。

唯聖人爲能饗帝，孝子爲能饗親。饗者鄉也，鄉之然後能饗焉。是故孝子臨尸而不怍。君牽牲，夫人奠盎；君獻尸，夫人薦豆；卿大夫相君，命婦相夫人。齊齊乎其敬也！愉愉乎其忠也！勿勿諸其欲其饗之也！（禮記祭義）

故敬愛者，聖人之極思也。睦族必敬宗，敬宗必尊祖，尊祖必敬天，敬天必不敢惡慢於天下。子言之：「誦詩三百，未足以一獻；一獻矣，未足以饗旅。」（禮記禮器）臨尸而不怍，饗帝而不荒，則是可言郊祀者矣。饗祀貴嚴，男子治外，而獻薦之事，君夫人俱，何也？曰：南郊，外也；太廟，内也，饗廟則猶之内事也。然則高禖公宮不猶在郊外與？曰：蠶室在公宮之陽，利於浴川。公宮在國社之東，則猶在國中也。高禖之祀

[一] 敬，康熙本、四庫本皆作「親」。
[二] 五者一紕，康熙本同，四庫本作「五者一物紕繆」。

青帝，不必在於南郊，夫亦猶之内事也，且是不歲舉之也，謂國之大典存焉耳。然則大明在東，夜明在西，君冕在東階，夫人副褘在西房，若是其敵也，而獨曰嚴父者，何也？曰：嚴父者，天地之義也，崇陽而卑陰，尊天而主日。助祭者，孝子之義也。嗣續有所始，宗社有所託，且是猶之嚴事也，非是則庶子、庶婦擅於公族，故古人之愛敬，各有所自著也。

子曰：「郊社之義，所以仁鬼神也。禘嘗之禮，所以仁昭穆也。饋奠之禮，所以仁死喪也。射鄉之禮，所以仁鄉黨也。食饗之禮，所以仁賓客也。明乎郊社之義、禘嘗之禮，治國其如指諸掌而已乎！」（禮記仲尼燕居）

仁、孝一也，孝爲主而仁爲賓。賓主之荅，皆敬也，皆有其祖德而孫遜以行之。郊社禘嘗所爲主者，皆子也。饋奠、射鄉、食饗所爲主者，皆弟也。其荅之皆曰仁，其行之皆曰敬，其爲主者皆孝也。非孝則先王又何以仁天下乎？

天子者，與天地參，故德配天地，兼利萬物，與日月並明，明照四海而不遺微小。其在朝廷則道仁聖禮義之序，燕處則聽雅、頌之音，行步則有環佩之聲，升車則有和鸞之音。居處有禮，進退有度，百官得其宜，萬事得其序。詩云「淑人君子，其儀不忒。其儀不忒，正是四國」，此之謂也。（禮記經解）

參天地而法日月，皆孝也。先王以孝制治，以敬制禮，以其性教敷順於天下，大則保其天下，細則保其身體。因嚴因愛，無有毀傷萬物之心，故禘嘗之義，五禮之大端也。記曰：「禘嘗之義大矣，治國之本也，不可不知也。明其義者，君也。能其事者，臣也。不明其義，君人不全；不能其事，爲臣不全。夫義者，所以濟志也，諸德之發也。是故其德盛者其志厚，其志厚者其義章，其義章者其祭敬，祭敬則竟内之子孫皆敬矣。」（禮記祭統）故郊社之義，周公所以教敬也。言思可道，行思可樂，德義可尊，作事可法，容止可觀，進退可度，非以教敬而能如此[一]乎？

右傳十七則

[一] 此，康熙本同，四庫本作「是」。

紀孝行章第十

子曰：「孝子之事親也，居則致其敬，養則致其樂，病則致其憂，喪則致其哀，祭則致其嚴。五者備矣，然後能事親。」

曾子曰「人未有自致者也」（論語子張），子夏〔二〕曰「事君能致其身」（論語學而），致身以事君，致心以事親，兩者天地之大義也。致而知之，不慮而知謂之良知；致而能之，不學而能謂之良能。故五致者，赤子之知、能，不假學問而學問之大，人有不能盡也。故言致良知、致良能之説則出於此也〔三〕。仁、義、禮、樂、信、智則皆自此始也。

「事親者，居上不驕，爲下不亂，在醜不爭。居上而驕則亡，爲下而亂則刑，在醜而

〔二〕子夏，原作「子」，據論語學而，從康熙本、四庫本改。
〔三〕「故言致良知、致良能之説則出於此也」一句，康熙本、四庫本皆無。

爭則兵。三者不除，雖日用三牲之養，猶爲不孝也。」

若是者，何也？敬身之謂也。敬身而後敬人，敬人而後敬天。頌曰：「敬之敬之，天維顯思。命不易哉！無曰高高在上。」（詩經周頌敬之）爲天子者如此，又况其下者乎？爲下而爭亂，忘身及親，是君子之大戒也。泰誓曰：「予克受，非予武，惟朕文考無罪。受克予，非朕文考有罪，惟予小子無良。」（尚書周書泰誓）甚矣！聖人之危也。其孝愈大，則其敬也愈至矣。

孝經者，其爲辟兵而作乎？辟兵與刑，孝治乃成。兵刑之生，皆始于争。爲孝以教仁，爲弟以教讓，何争之有？傳曰：「堯、舜帥天下以仁，而民從之；桀、紂率天下以暴，而民從之；其所令反其所好，而民不從。是故君子有諸己而後求諸人，無諸己而後非諸人。所藏乎身不恕，而能喻諸人者，未之有也。」（禮記大學）故恕者，聖人所養兵不用而藏身之固也。

右經第十章

大傳第十

子事父母，雞初鳴，咸盥、漱，櫛、縰、笄、總，拂髦、冠、緌、纓、端、韠、紳，搢笏。左右佩用：左佩紛、帨、刀礪、小觿、金燧，右佩玦、捍、管、遰、大觿、木燧。偪，屨著綦。婦事舅姑如父母，雞初鳴，咸盥、漱，櫛、縰、笄、總，衣紳，左佩紛、帨、刀礪、小觿、金燧，右佩箴、管、線、纊，施縏袠，大觿，木燧，衿纓，綦屨，以適父母舅姑之所。及所，下氣怡聲，問衣燠寒。疾痛苛癢，而敬抑搔之。出入則或先或後，而敬扶持之。進盥，少者奉盤，長者奉水，請沃盥，盥卒，授巾。問所欲而敬進之，柔色以溫之。饘、酏、酒、醴、芼、羹、菽、麥、蕡、稻、黍、粱、秫唯所欲。棗、栗、飴、蜜以甘之，堇、荁、枌、榆、免、薧、滫、瀡以滑之，脂、膏以膏之。父母、舅姑必嘗之而後退。（禮記內則）

凡是縟節，亦未易舉也。士君子能敬身節慎，寡嗜欲，勤細行，以率其妻子，其妻子從之。有物有恒，言動以時，威儀不忒，則教成於內，歲月漸浸可備具也。

繇命士以上，父子皆異宮，昧爽而朝，慈以甘旨。日出而退，各從其事。日入而夕，慈以甘旨。（禮記內則）

文王之爲世子，則猶用此道也。凡世子皆以士禮自處，晨夕起居，無敢有懈。詩曰「夙興夜寐」（詩經衛風氓），是之謂也。命士而下，不得異宮，定省起居，各視其力。

父母、舅姑將坐，奉席請何鄉；將衽，長者奉席請何趾，少者執牀與坐。御者舉几，斂席與簟，縣衾，篋枕，斂簟而襡之。父母、舅姑之衣、衾、簟、席、枕、几不傳；杖、屨祗敬之，勿敢近；敦、牟、巵、匜，非餕莫敢用。與恒食飲，非餕莫之敢飲食。（禮記内則）

是可以爲敬乎？充是，則亦無所不敬矣。其人政行事則亦猶是也。

在父母舅姑之所，有命之，應「唯」，敬對，進退、周旋齊慎[二]。升降、出入、揖遜不敢噦、噫、嚏、咳、欠、伸、跛、踦[三]、睇眂，不敢唾、洟。寒不敢襲，癢不敢搔。不有敬事，不敢袒裼。不涉不撅。褻衣衾不見裏。父母唾、洟不見；冠帶垢，和灰請漱；衣裳垢，和灰請澣；衣裳綻裂，紉箴請補綴。五日則燂湯請浴，三日具沐。其間面垢，燂潘請靧；足垢，燂湯請洗。少事長，賤事貴，共帥時。（禮記内則）

是亦士庶人之禮也。禮無貴賤，其敬一也。葛覃之詩曰「薄汚我私，薄澣我衣，害澣害否，歸寧父母」，是后夫人之學也。古之君子事其父母，雖有僕御，無敢不親，則猶行士之道也。

[二] 齊慎，康熙本、四庫本皆作「慎齊」。按禮記爲「慎齊」。
[三] 踦，康熙本同，四庫本作「倚」。按禮記同四庫本。

子婦孝者敬者，父母、舅姑之命勿逆勿怠。若飲食之，雖不耆，必嘗而待。加之衣服，雖不欲，必服而待。加之事，人代之，已雖弗欲，姑與之，姑使之而後復之。（禮記內則）

又曰：「子婦有勤勞之事，雖甚愛之，姑縱之而寧數休之。子婦未孝未敬，勿庸疾怨，姑教之。若不可教，而後怒之；不可怒，子放婦出，而不表禮焉。」（禮記內則）若是者，所以教慈也。教慈而後孝，猶未失乎孝也。

父母有婢子若庶子庶孫，甚愛之。雖父母歿，沒身敬之不衰。子有二妾，父母愛一人焉，子愛一人焉，衣服飲食執事，毋敢視父母所愛，雖父母歿不衰。子甚宜其妻，父母不說，出。子不宜其妻，父母曰「是善事我」，子行夫婦之禮焉，歿身不衰。（禮記內則）

是則近於養志者矣。命士而上，天子而下，則猶是志也。

子婦無私貨，無私畜，無私器，不敢私假，不敢私與。婦或賜之飲食、衣服、布帛、佩帨、茝蘭，則受而獻諸舅姑。舅姑受之則喜，如新受賜。若反賜之，則辭；不得命，如更受賜，藏以待乏。婦若有私親兄弟，將與之，則必請其故賜，而後與之。（禮記內則）

是亦猶士禮也，而其道通於宮掖。古之賢后妃夫人，則未有不用此者也。

親在，行禮於人稱父。人或賜之，則稱父拜之。父命呼，「唯」而不「諾」。手執業則投之，食在口則吐之，走而不趨。親老，出不易方，復不過時。親癠，色容不盛，此孝子

之疏節也。（禮記玉藻）

得其疏節，則其精意亦見矣。君子之氣，患不專，專而後柔；君子之志，患太廣，廣則不治。不柔不治，雖盛其容色，必落，且使人諷曰：「是誰之子也？」君子之所隱也。

父母有疾，冠者不櫛，行不翔，言不惰，琴瑟不御，食肉不至變味，飲酒不至變貌，笑不至矧，怒不至詈，疾止復故。有憂者側席而坐，有喪者專席而坐。（禮記曲禮上）

父母有疾而飲酒食肉，禮乎？曰嫌其不飲酒食肉也，而陳之，陳之則有恐至於變者矣。夫有側坐之心乎，何其謹以摯也？

爲人子者，出必告，反必面。所游必有常，所習必有業。恒言不稱老。居不主奥，坐不中席，行不中道，立不中門。食饗不爲槩，祭祀不爲尸。聽於無聲，視於無形。不登高，不臨深，不苟訾，不苟笑。〔二〕不服闇，不臨〔三〕危。父母存，不許友以死，不有私財，冠

〔二〕「聽於無聲，視於無形。不登高，不臨深，不苟訾，不苟笑」一句，底本、康熙本皆無，據禮記曲禮上，從四庫本補。

〔三〕臨，康熙本同，四庫本作「登」。按禮記曲禮上爲「登」。

衣不純素。〔二〕孤子當室，冠衣不純采。（禮記曲禮上）

是亦孝子之疏節也。節疏而義精，若柏有心而竹有筠也。君子爲其大，不爲其細。故上無以教，下無以學，失之於朋友，而遺之於造次者衆也。

古之養老者以八珍，爲飲以養陽，爲食以養陰。其已疾也，曰：酒，閔子之養也。寒爲益一衣而病脱然，暑爲去一衣而病脱然，饑爲進一餐而病脱然，飽爲却一餐而病脱然。故藥者，聖人之所慎用也。季康子饋藥，夫子辭以未達。許世子止不嘗藥，春秋書曰：「弑君。」故夫子慎疾，未嘗服藥。凡草木金石其無毒者，不能已病；其有毒者，易至於傷人。究其爲用，不能愈於五穀滋味之效也。聖人制飲食和實羹醢，各有攸宜。凡食齊視春，羹齊視夏，醬齊視秋，飲齊視冬。凡和，春多酸，夏多苦，秋多辛，冬多鹹，調以滑甘。牛宜稌，羊宜黍，豕宜稷，犬宜粱，鴈宜麥，魚宜苽。春宜羔豚，膳膏薌；夏宜腒鱐，膳膏臊；秋宜犢麛，膳膏腥；冬宜鮮羽，膳膏羶。膾，春用葱，秋用芥。豚，春用韭，秋用蓼。脂用葱，膏用薤，三牲用藙，和用醯，獸用梅，皆視所宜。齊於氣志，盛則損之，衰則益之，澹泊以爲體，中節以爲用，是可以當藥矣。八珍曰淳熬、曰淳母、

君有疾飲藥，臣先嘗之；親有疾飲藥，子先嘗之。醫不三世，不服其藥。（禮記曲禮下）

〔二〕「父母存，不許友以死，不有私財，冠衣不純素」一句，底本、康熙本皆作「不有私財，不許友以死。爲人子者，父母存，冠衣不純素」，據禮記曲禮上，從四庫本改。

曰炮、曰擣珍、曰漬、曰熬、曰糝、曰酏，是皆所以養老也。飲重醴，次清，次白，稻醴清糟，黍醴清糟，粱醴清糟，或以酏、漿、醷、濫。君子有是數者，以贊其陰陽，節其嗜欲，亦可以已疾任事矣。故禮有侍膳之禮，無侍藥之禮。聖門小雅無治方者，是亦明春秋之隱，痛聖人之有所不貴也。

父没而不能讀父之書，手澤存焉耳。母没而杯圈不能飲焉，口澤之氣存焉耳。（禮記玉藻）

是亦猶士之志也，而其道通於上下，自庶人而世子、天子未有不由此者也。

孝子將祭祀，必有齊莊之心以慮事，以具服物，以修宮室，以治百事。及祭之日，顔色必温，行必恐，如懼不及愛然。其奠之也，容貌必温，身必絀〔二〕，如語焉而未之然。宿者皆出，其立卑静以正，如將弗見然。及祭之後，陶陶遂遂，如將復入然。是故慤善不違身，耳目不違心，思慮不違親。結諸心，形諸色，而術省之，孝子之志也。（禮記祭義）

致愛則存，致慤則著，著存不忘乎心，則猶此志也。故祭者，人道之至大者也。孝子能備，能備然後能祭。

君子有終身之喪，忌日之謂也。忌日不用，非不祥也。言夫日，志有所至，而不敢盡其私也。（禮記祭義）

〔二〕 絀，康熙本同，四庫本作「詘」。按禮記同四庫本。

忌日不用，然亦且祭與？曰：有告焉，告則必祭也。曰：告於墓，禮與？曰：古者告於廟，不告於墓。人子之於親也，致詳焉而已。告於廟則祭於廟，告於墓則祭於墓，未爲失也。然則告於廟謂諱之日，告於墓謂葬〔二〕之日與？曰：可，以義起也，古未之有焉。古之祭者，祠、禴、嘗、烝而已矣。霜露既降，春雨既濡，悽愴怵惕，以爲宗廟神明之所聚也。告諱於廟，告葬於墓，則疑於魂魄異處矣。君子之於祭，各盡其心也。心者，神明魂魄之所由交也。於廟扵墓，則亦未爲失也。

致齊於内，散齊於外。齊之日，思其居處，思其笑語，思其志意，思其所樂，思其所嗜。齊三日，乃見其所爲齊者。祭之日，入室，僾然必有見乎其位；周還出户，肅然必有聞乎其容聲；出户而聽，愾然必有聞乎其歎息之聲。（禮記祭義）

致齊三日，散齊七日。每祭必齊，益以月祭，則是歲齊也。曰：月祭其小也。記曰：「君子非有大事也，則不齊。」（禮記祭統）故諸小祀致齊間有之也，於以防其邪物，訖其耆〔三〕欲，則雖歲齊未爲數也。然則忌日亦致齊乎？曰：「忌日思哀，先思其憂也。思其憂則不啻三日也，而爲三日以制之。祭之明日，明發不寐，饗而致之，又從而思之。」又曰：「祭之日，樂與哀半，饗之必樂，已至必哀。故忌日之先與祭之明日，君子憂思之

〔二〕葬，康熙本同，四庫本作「奠」。
〔三〕耆，康熙本同，四庫本作「嗜」。

極也。」

孝子將祭，慮事不可以不豫，比時具物不可以不備，虛中以治之。宮室既修，墻屋既設，百物既備，夫婦齊戒、沐浴，奉承而進之，洞洞乎，屬屬乎，如弗勝，如將失之，其孝敬之心至也與！（禮記祭義）

是豫備者，亦與五備同旨也。五備存於中，則百物備於外，如是而將之以孝敬，故禮樂可起也。

孝子之祭也，盡其慤而慤焉，盡其信而信焉，盡其敬而敬焉，盡其禮而不過失焉。進退必敬，如親聽命，則或使之也。（禮記祭義）

傳曰：「使天下之人齊明盛服，以承祭祀，洋洋乎如在其上，如在其左右。」（禮記中庸）使則鬼神之能也，若或使之，則非鬼神之能也，孝子之志也。

孝子之祭可知也：其立之也敬以絀[一]，其進之也敬以愉，其薦之也敬以欲，退而立，如將受命。已徹而退，敬齊之色不絕於面。立而不絀，固也；進而不愉，疏也；薦而不欲，不愛也；退立而不如受命，敖也；已徹而退，無敬齊之色，忘本也。如是而祭，失

[一] 絀，康熙本同，四庫本作「詘」。按禮記同四庫本。

之矣。（禮記祭義）

固、疏、傲、惰、不愛、忘本，是亂爭之道也。先王教人孝敬，其繁文縟節盡在於祭，皆以治其心。氣凝聚於親，結諸心，形諸色，而術省之。故以居上則不驕，爲下則不亂，在醜則不爭，故孝子之治其心氣與先王之治其天下，同治也。然則孝子無怨於天下與？曰：孝子一舉足一啟口不忘其親，誠慤存於中，和順著於外。

詩曰：「在彼無惡，在此無斁。」（詩經周頌振鷺）

文王之祭也，事死者如事生，思死者如不欲生，忌日必哀，稱諱如見親。祀之忠也，如見親之所愛，如欲色然，其文王與！詩云「明發不寐，有懷二人」，文王之詩也。祭之明日，明發不寐，饗而致之，又從而思之。（禮記祭義）

詩曰「於繹思」（詩經周頌賚），繹者，祭之明日也；又曰「綏我思成」（詩經商頌那），「思成」之詩，自古在昔，不自文王始也。

祭之日，樂與哀半：饗之必樂，已至必哀。仲尼嘗，奉薦而進，其親也慤。其行也趨趨以數。已祭，子贛問曰：「子之言祭，濟濟漆漆然。今子之祭無濟濟漆漆，何也？」子曰：「濟濟者，容也遠也。漆漆者，容也自反也。容以遠，若容以自反也，何神明之及交？夫何濟濟漆漆之有乎？反饋樂成，薦其薦俎，序其禮樂，備其百官，君子致其濟濟

漆漆，夫何恍惚之有乎？」（禮記祭義）

詩曰「濟濟蹌蹌，絜爾牛羊」（詩經小雅楚茨），蓋言濟也；「既齊既稷，既匡既勑」（詩經小雅楚茨），蓋言漆也。夫是蓋有所取之也，及於夫子之親薦則不然，故聖人之親薦，異於朋友之攸攝也。子曰「吾不與祭，如不祭」（論語八佾），言夫攝於朋友者之不足以盡親薦之義也。

祭不欲數，數則煩，煩則不敬。祭不欲疏，疏則怠，怠則忘。是故君子合諸天道，春禘秋嘗。霜露既降，君子履之，必有悽愴之心，非其寒之謂也。雨露既濡，君子履之，必有怵惕之心，如將見之。樂以迎来，哀以送往，故禘有樂而嘗無樂。（禮記祭義）

禘有樂而嘗無樂，此亦禮之至著者也。凡祭必有尸，迎尸、送尸皆有樂。記曰：「君執干戚就舞位。冕而摠干，率其群臣，以樂皇尸。」（禮記祭統）又曰：「獻之屬莫重於祼，聲莫重於升歌，舞莫重於武宿夜。」（禮記祭統）詩曰「鏞鼓有斁[一]」（詩經商頌那），「鼓鐘送尸」（詩經小雅楚茨），未有秋嘗重祭，遂不用樂者。周禮奏夷則，歌小呂，舞大濩，以享先妣。奏無射，歌夾鍾，舞大武，以享先祖。周人以禘重於礿，魯人以嘗重於烝。使嘗不用樂，則魯大事無有用樂者矣。又周禮尸出入奏肆夏，牲出入奏昭夏，未有嘗祭不用尸、牲者。郊特牲曰

[一] 斁，底本、康熙本作「奕」，據詩經，從四庫本改。

「饗、禘有樂，而食、嘗無樂，陰陽之義也。凡飲，養陽氣也；食，養陰氣也。故春礿而秋嘗，春饗孤子，秋食耆老，其義一也，而食、嘗無樂。飲，養陽氣也，故有樂；食，養陰氣也，故無聲」，是則皆爲養老發也。養老則不得言祭祀之禮，感祭祀而悽愴矣。且如養老，亦皆用樂。文王世子云「凡大合樂，必遂養老」，又云「既養老，遂發咏焉」，未有秋冬嘗烝以樂祀宗廟，不以樂享老幼者也，又未有以樂享老幼，不以樂祀宗廟者。或曰「周康王之喪，以七月己未，周人以是闋秋嘗之樂；宣公八年，仲遂卒于垂，壬午，去籥；秋七月甲子，日食既，魯人以是闋秋嘗之樂」，是則不然者，喪有輟而樂無廢，變事以權，復事以經。然則如何曰「是燕私之樂」也？楚茨之詩曰：「諸父兄弟，備言燕私，樂具入奏，以綏後禄。」蓋周人兼用夏、殷之禮，四時祭皆有樂，而霜露悽愴，言念先人，乃輟燕私之樂，至於祖妣，洋洋如在。禮樂備陳，何可輟也？然則詩所謂「樂具入奏」者，何也？曰：彼亦悽愴之言也，謂是公田廢矣，茨棘生矣，歲事不修，無以康我父兄者也。

記曰：「福者，備也。備者，百順之名也。無所不順者之謂備，言內盡於己而外順於道也。忠臣以事其君，孝子以事其親，其本一也。上則順於鬼神，外則順於君長，內則以孝於親，如此之謂備。唯賢者能備，能備然後能祭。」（禮記祭統）

樂愛哀嚴，皆敬也。敬則無所不備，備則無所不致矣。孝子之順於天下，致敬而已矣。一敬而致百順，以事君長，以事鬼神，皆是也。詩曰「孔惠孔時，維其盡之」（詩經小雅楚茨），盡敬之謂也。

又曰：「孝者，畜也。順於道，不逆於倫，是之謂畜。是故孝子之事親也，有三道焉：生則養，没則喪，喪畢則祭。養則觀其順也，喪則觀其哀也，祭則觀其敬而時也。盡此三道者，孝子之行也。」（禮記祭統）

三盡者，亦五致之義也。夫人子之至情，亦惟在憂樂乎！養而致樂，病而致憂，喜懼積於中，則居處飲食從之矣。祭者，陰陽之交也，存殁之所共致也。養不致樂，病不致憂，雖有哀嚴亦廢然弛矣，故敬者，憂樂哀嚴之所終始也。詩曰：「聖敬日躋，昭假遲遲。上帝是祇，帝命式于九圍。」（詩經商頌長髮）故上帝之憂樂，聖人亦有以備之畜也。

是故先王之孝也，色不忘乎目，聲不絶乎耳，心志嗜欲不忘乎心。致愛則存，致慤則著。著存不忘乎心，夫安得不敬乎？君子生則敬養，死則敬享，思終身弗辱也。（禮記祭義）

不存不著則不慎其心，不慎其心則必傷其身，傷其身則辱親者至矣。故終身弗辱，敬身之謂也。敬身以敬親，敬親以敬天，天存與存，天著與著，故孝子之親不没也。頌曰「維予小子，夙夜敬止。於乎皇王，繼序思不忘」（詩經周頌閔予小子），是成王之學也。

子夏問於孔子曰：「居父母之仇，如之何？」夫子曰：「寢苫枕干，不仕，弗與共天下也。遇諸市朝，不反兵而鬬。」曰：「請問居兄弟之仇，如之何？」曰：「仕弗與共國，

銜君命，遇之不鬭。」曰：「居從父、昆弟之仇，如之何？」曰：「不爲魁。主人能，則執兵而隨其後。」（禮記檀弓上）

是不與於爭醜者之言乎？曰：五服之於五刑，一也。斬衰之仇無以爲生，兄弟而下不可避也。避之則倫絶，唱〔二〕之則法亂。聖人議此，蓋不得已也。

曾子曰：「父母之讎不與同生，兄弟之讎不與聚國，朋友之讎不與聚鄉，族人之讎不與聚隣。」（大戴禮記曾子制言）

然則君子之和睦無怨，何也？曰：君子之愛敬，必有由始也。親親而仁民，仁民而愛物，仁孝之等也。仁人不讎其君，孝子不讎其君。夫使其信義不聞於鄉，名行不聞於國，志絀於鬼神，氣絀於猛獸，則已矣。如其不然，則亦百姓之所避也。齊襄公將復讎乎紀，卜之曰：「師喪分焉。寡人死之，不爲不吉也。」公羊高曰：「襄公於是乎道。上無天子，下無方伯。襄公緣疾以爲義，未爲不道也。」然則春秋亦與齊襄與？曰：春秋與紀，不一而足也。春秋與紀，而公羊高與襄，何也？曰：公羊高將以其仇紀者，激其仇襄者；聖人將以其怒紀者，恕其不敢怒襄者。故公羊高之義，不如聖人之恕也。然則孝經義，而春秋恕者與？曰：孝經以道

〔二〕唱，康熙本同，四庫本作「倡」。

順天下，欲反天下之兵刑消於道德。故孝經之志，非公羊高之所知也。然則魯莊公不得復父讎乎？曰：復父讎，則必與齊尋兵，與齊尋兵則内不得諱其惡，外不得修其睦，上下交怨而既亂且作，故齊襄之道無所勝於魯莊之道也。然則猗嗟之刺，何也？曰：禚之會、祝丘之享。狩禚而如齊師，防穀沓至，春秋之所惡也。然則雄狐敝笱，列于齊風，是無損於魯與？曰：魯無風也。齊不可變，於齊乎著之何？爲其無損也。然則親有威柄，道不可制，反激殺身，危及社稷，則如之何？曰：臣與子一也。子不得正誼而臣得正誼，使齊襄公危魯之社稷。居其宫，易其廟，則魯之群臣必不得拱手而授刄於無知，又不得曰且老矣，從頌以俟霸主之自出。故春秋之道與孝經相救，後世之處此則有未盡也。郤至之告捷也，見單襄公驟稱其伐。襄公曰：「君子不自稱，非以讓也。惡蓋人也。人性陵上，不可蓋也。求蓋人，其抑下滋甚，故聖人貴讓。禮在敵，三讓。故獸惡網羅，民惡其上。今郤至位七人之下而欲上之，是求蓋七人也，其亦有七怨。」（國語周語中）故遠怨之難也。不順則不和睦，不和睦不能遠怨。南蒯之叛也，鄉人或歌之曰：「我有圃，生之杞乎！從我者子乎，去我者鄙乎，倍其隣者恥乎！已虖已虖，非吾黨之士乎！」（左傳昭公十二年）夫郤至、南蒯，猶欲爲仁義也。以爭而兵，行如至、蒯以從吾黨，雖有三牲之養猶之昧〔一〕雉也。

孟子曰：「吾今而後知殺人親之重也：殺人之父者，人亦殺其父；殺人之兄者，人

〔一〕昧，原作「味」，從康熙本、四庫本改。按春秋公羊傳有「昧雉彼視」，何休解詁云「昧，割也，時割雉以爲盟」。

亦殺其兄。然則非自殺之也，一間耳。」（孟子盡心下）

故曰：敬人之父，人亦敬其父；愛人之兄，人亦愛其兄。故曰：愛人者，人恒愛之；敬人者，人恒敬之。故曰：敬其父，得其子之懽心；敬其兄，得其弟之懽心。天子之不敢惡慢，諸侯之不侮鰥寡，蓋謂此也。

書曰：「匹夫匹婦，如或勝予。」〔二〕

右傳二十九則

〔二〕「匹夫匹婦，如或勝予」，尚書無此原句，其大義來自尚書夏書五子之歌「愚夫愚婦，一能勝予」與尚書商書咸有一德「匹夫匹婦，不獲自盡」。

五刑章第十一

子曰：「五刑之屬三千，而罪莫大於不孝。要君者無上，非聖人者無法，非孝者無親，此大亂之道也。」

兵用而後法，法用而後刑，兵刑雜用，而道德乃衰矣。聖人之禁也，曰示之以好惡，示之以好惡，則猶未有禁也，刑而後禁之。周禮司徒以六行教民，司寇以五刑匡其不率，於是有不孝之刑，不友之刑，不睦姻、不任恤之刑，此六者非刑之所能禁也。刑之所能禁者：寇、賊、姦、軌耳。然其習爲寇、賊、姦、軌者，刑亦不能禁也。必以之禁，六行則是東民性而法之也。東民性而法之，不有陽竊，必有陰敗。由是則堯、舜之禮樂與名法爭騖矣，爭騖必絀。然且夫子猶言刑法，何也？夫子之言，蓋爲墨氏而發也。人情易媮，媮而去節，則以禮爲戎首。禮曰三千，刑亦三千，禮刑相維，以刑教禮。聖人之才與德皆足以勝之，勝之而存其真。衆人之才與德不足以勝之，而見是繁重，則畔矣。夫子之時，墨氏未著，而子桑戶、曾點、原壤之徒皆臨喪不哀，遯於天刑，自聖人而外未有非者。夫子逆知後世之治，禮樂必入於墨氏。墨氏之徒，必有要君、非聖、非孝之說以爚亂天下，使聖人不得行其禮，人主不得行其刑。刑衰禮息而愛敬不生，愛敬不生而無父無君者始得肆志於天下，故夫子特著而豫防之，辭簡而旨危，憂深而慮遠矣。

右經第十一章

大傳第十一

子曰：「君子三讓而進，一揖而退。事君三違而不出境，則利祿也。雖曰不要，吾不信也。」（禮記表記）

以利祿要君，其小者也，患失而趨利，趨利而圖害，苟患失之，無所不至矣。

子曰：「君子畏天命、畏大人、畏聖人之言。小人不知天命而不畏也，狎大人，侮聖人之言。」（論語季氏）

知愛知敬，能孝能弟，降於天之謂命，授於人之爲〔二〕性。何以爲性？性，知敬者也，敬深而入畏。敬性之

〔二〕爲，康熙本同，四庫本「謂」。

人，視民如賓，使臣如客，而況於大人乎？況於聖人之言乎？侮聖人之言則必侮禮，侮禮則必興亂，興亂則刑敝，刑敝則兵敝。故聖人之用刑，有不得已也。

孟子曰：「楊氏爲我，是無君也；墨氏兼愛，是無父也。無父無君，是禽獸也。楊、墨之道不息，孔子之道不著，是邪説誣民，充塞仁義也。」（孟子滕文公下）

楊之罪無殺於墨乎？曰薄乎云爾！墨氏非孝，楊氏毁忠。忠者，移孝者也。墨氏之非孝，其始於冠昏，其終於喪祭乎？冠昏之禮，雖或非之，莫有廢也。喪祭之禮廢而聖人之道息，聖人之道息，而夷狄〔二〕鳥獸亂於中國。臣棄其君，子棄其父，名不篡弑而甚於篡弑者，墨氏之爲也。故墨者，五刑之首麗也。〔三〕

宰我問：「三年之喪，期已久矣。君子三年不爲禮，禮必壞；三年不爲樂，樂必崩。舊穀既没，新穀既升，鑽燧改火，期可已矣。」子曰：「食夫稻，衣夫錦，於女安乎？」曰：「安。」「女安則爲之。君子之居喪，食旨不甘，聞樂不樂，居處不安，故不爲也。今女安，則爲之。」宰我出，子曰：「予之不仁也。子生三年，然後免於父母之懷。夫三年之喪，天下之通喪也。予也有三年之愛於其父母乎？」（論語陽貨）

〔二〕「夷狄」二字，康熙本挖空，四庫本無。

〔三〕「故墨者，五刑之首麗也」一句，康熙本同，四庫本作「故墨氏者，五刑之首也」。

宰我冒不仁之名，發非常之問；夫子以懷抱之情，斷三年之制，皆所以表微探賾，垂訓無窮。後世無宰我之文，而欲蹈非聖之實，以日易月，以紂代衰，君行之而不疑，臣遵之而不改，使夷狄之習得以亂中國[一]，佛、老之教得以溷冠裳，則又宰我之罪人也。然則成王既崩，康王受命，以啜粥飲水之時而宿同祭咤，以有唯無荅之日，而報誥敦諄，聖人皆不以爲非，復存之典策者，何也？曰：周公制禮，變質從文。七日作册，道揚末命。先受命而後成服，其興荅報誥之辭，皆史官讀之。王冕服，銜恤，祗受不二，所以繼文、武之統，承天地之重也。報誥之後，釋冕，反喪。既不裁通喪之常，又不違諒闇之實，而侯辟、神、人皆有所託，蟲鳥毒螫無由而生，誠情理之權衡，不易之鉅典也。然則漢文之時，未有墨氏而驟更此制，天下無議者，何也？曰：漢文之時，敦尚黄老，雖在宫掖[二]，不喜儒法。墨釋之與黄[三]老，其究同趨，人心喜媮，易於間雜，惜無孰孝經之文，起而正之者耳。然則孝經之言不孝，專爲短喪發與？曰：春秋之細，察於嘗藥；孝經之大，存於喪祭。自喪祭而外，問安視膳之儀，寢興起居之典，固頑子所不能廢，邪説所不能亂也。

傳曰：「三年之喪何也？曰：稱情而立，文因以飾群，別親疏、貴賤之節，而弗可損益也，故曰『無易之道』也。創鉅者其日久，痛甚者其愈遲。斬衰苴杖，倚廬，食粥，

[一] 「使夷狄之習得以亂中國」一句，康熙本將「夷狄」二字挖空，四庫本作「使戰國之習得以亂後世」。
[二] 掖，底本、康熙本皆作「腋」，據四庫本改。
[三] 黄，康熙本同，四庫本作「佛」。

寢苦枕塊，所以爲至痛飾也。三年之喪，二十五月而畢，哀痛未盡，思慕未忘，然而以是斷之者，送死有已，復生有節也。天地間血氣之屬必有知，有知之屬莫不愛其類。大鳥獸喪其群匹，越月踰時焉，則必反巡，過其故鄉，翔迴焉，鳴號焉，蹢躅焉[一]，踟蹰焉，然後乃能去之。小者至於燕雀，猶有啁噍之頃焉。人於其親也，至死不窮。將由夫患邪淫之人與？則彼朝死而夕忘之，曾鳥獸之不若。將由夫修飾之君子與？則三年之喪，二十五月而畢，若駟之過隙，然而遂之，則是無窮也。故先王爲之立中制節，使足以成文理，則釋之矣。」（禮記三年問）

是言也，亦爲非毀過制以生殉死者說也。上古不葬，厚衣以薪，葬于中野，非不葬也。天子龍輴外制束薪亦猶存古之意也，而後世庶人衣之以火，則是墨氏之教也，非古人之意也。由古人之意，可以終身遂之無窮，由墨氏之意，可以朝死夕忘，大鳥獸之不若。故聖人之制，爲禮爲刑，猶喪娶之與不嘗藥者同類也。

然且至親則以期斷，何也？曰：天地則已易矣，四時則已變矣，在天地之中者，莫不更始，是以象之也。然則何以三年也？曰：加隆焉爾也。焉使倍之，故再期也。由九

[一]「焉」字，原無，據禮記三年問，從康熙本、四庫本補。

月以下，何也？曰：焉使弗及也。故三年以爲隆，緦、小功以爲殺，期九月以爲間。上取象於天，下取法於地，中取則於人，人之所以群居和壹之理盡矣。故三年之喪，人道之至文者也。夫是之謂至隆。是百王之所同，古今之所壹也，未有知所由來者也。（禮記三年問）

天地已易，四時已變，是猶宰予之言也。取法天地，加隆於人，則非宰予之言也。隆殺正間，文章以生，是有所由來非人之爲，而老氏以禮爲亂首，則亦不知所由來者也。墨者夷之因徐辟而求見孟子。孟子曰：「吾固願見，今吾尚病，病愈，我且往見，夷子不來。」他日，又求見孟子，孟子曰：「吾今則可以見矣。不直，則道不見，我且直之。吾聞夷子墨者。墨之治喪也，以薄爲其道也。夷子思以易天下，豈以爲非是而不貴也。然而夷子葬其親厚，則是以所賤事親也。」徐子以告夷子，夷子曰：「儒者之道，古之人『若保赤子』，此言何謂也？之則以爲愛無差等，施由親始。」徐子以告孟子，孟子曰：「夫夷子，信以爲人親其兄之子爲若親其隣之赤子乎？彼有取爾也。赤子匍匐將入井，非赤子之罪也。且天之生物也，使之一本，而夷子二本故也。蓋上世嘗有不葬其親者。其親死，則舉而委之於壑。他日過之，狐狸食之，蠅蚋姑嘬之。其顙有泚，睨而不視。夫泚也，非爲人泚，中心達於面目。蓋歸反虆梩而掩之。掩之誠是也，則孝子仁人之掩其親，亦必有道矣。」徐子以告夷子，夷子憮然爲間曰：「命之矣。」（孟子滕文公上）故本末差等，各有所由來者，其所由來者，則天也。不知其所由來而以爲無本末差等，則老氏與墨氏同道也。

凡禮之大體，體天地，法四時，則陰陽，順人情，故謂之禮。訾之者，是不知禮之所由生也。夫禮，吉凶異道，不得相干，取之陰陽也。喪有四制，變而從宜，取之四時也。有恩有理，有節有權，取之人情也。恩者，仁也；理者，義也；節者，禮也；權者，智也。仁、義、禮、智，人道具矣。其恩厚者其服重，故爲父斬衰三年，以恩制者也。門内之治恩揜義，門外之治義斷恩。資於事父以事君而敬同，貴貴尊尊，義之大者也。故爲君亦斬衰三年，以義制者也。（禮記喪服四制）

聖人之制禮也，因嚴教敬，因孝教忠。君父相等，仁義之極也。使君可無三年之服，則父亦可無三年之喪。使父可無三年之喪，則君亦可無一日之服。滕定公薨，世子謂然友曰：「昔者孟子嘗與我言於宋，於心終不忘。今也不幸至於大故，吾欲使子問於孟子，然後行事。」然友之鄒問於孟子，孟子曰：「不亦善乎！親喪，固所自盡也。曾子曰：『生，事之以禮；死，葬之以禮，祭之以禮，可謂孝矣。』諸侯之禮，吾未之學也；雖然，吾嘗聞之矣。三年之喪，齊疏之服，飦粥之食，自天子達於庶人，三代共之。」然友反命，定爲三年之喪。父兄百官皆不欲，曰：「吾宗國魯先君莫之行，吾先君亦莫之行也，至於子之身而反之，不可。且志曰：『喪祭從先祖。』」曰：「吾有所受之也。」謂然友曰：「吾它日未嘗學問，今也父兄百官不我足也。恐其不能盡於大事，子爲我問孟子。」孟子曰：「然。不可以它求者也。孔子曰：『君薨，聽於冢宰。歠粥，面深墨，即位而哭。

百官有司，莫敢不哀，先之也。』上有好者，下必有甚焉者矣。『君子之德，風也；小人之德，草。草上之風必偃。』是在世子然。」友反命，世子曰：「是誠在我。」五月居廬，未有命戒。百官族人可謂曰知。及至葬，四方來觀之，顔色之戚，哭泣之哀，弔者大悅。（孟子滕文公上）故要君、非聖、非孝之事，皆愛敬之不周，非盡觀聽者之過也。然且聖人猶以亂辟治之，所以發生民之真性，存百世之大坊也。然則要君何義也？謂託君服以要利祿者也。託君服以要利祿，故君過益彰，而親誼益滅。子曰：「事君三違而不出竟，則利祿也。雖曰不要君，吾不信也。」（禮記表記）

資於事父以事母而愛同。天無二日，土無二王，國無二君，家無二主〔一〕，以一治之也。故父在爲母齊衰期者，見無二尊也。（禮記喪服四制）

喪服問曰：「君爲天子三年，夫人如外宗之爲君也。世子不爲天子服。」君夫人皆爲天子服，而世子不爲天子服，何也？曰：皆臣也，而嫌於爲祖服則不爲服。然則君臣之義奪於祖孫者與？抑奪於父子者與？曰：皆奪之也。皆奪之則不正其爲君臣者與？曰：君臣之分自在也。爲世子上請於天子而不爲天子服，如爲世子者，曰其父請之而又迫父，故嫌於迫父者也。傳曰：「『有從輕而重』，公子之妻爲其皇姑。『有從重而輕』，爲妻之父母。『有從無服而有服』，公子之妻爲公子之外兄弟。『有從有服而無服』，公子爲其妻之父母。」（禮記服

〔一〕主，康熙本同，四庫本作「尊」。按禮記喪服四制爲「尊」。

問）然則諸侯世子之於天子，爲「從有服而無服者」與？曰：近之。近於天子，有不得奪之於父者也。齊宣王欲短喪，公孫丑曰：「爲期之喪，猶愈於已乎？」孟子曰：「是猶或紾其兄之臂，子謂之姑徐徐云爾，亦教之孝弟而已矣。」王子有其母死者，其傅爲之請數月之喪，公孫丑曰：「若此者，何如也？」曰：「是欲終之而不可得者也。雖加一日愈於已，謂夫莫之禁而弗爲者也。」（孟子盡心上）莫之禁而弗爲則亂也。

曾子問曰：「三年之喪弔乎？」孔子曰：「三年之喪，練不群立，不旅行。君子禮以飾情，三年之喪而弔哭，不亦虛乎！」（禮記曾子問）

曾子問曰：「大功之喪，可以與於饋奠之事乎？」孔子曰：「豈大功耳，自斬衰而下皆可，禮也。」曾子曰：「不以輕服而重相爲乎？」孔子曰：「非此之謂也。天子、諸侯之喪，斬衰者奠；大夫，齊衰者奠；士則朋友奠，不足則取於大功以下者，不足則反之。」曾子問曰：「小功可以與於祭乎？」孔子曰：「何必小功，自斬衰而下與祭，禮也。」曾子曰：「不以輕喪而重祭乎？」孔子曰：「天子、諸侯之喪祭也，不斬衰者不與祭。大夫齊衰者與祭。士祭不足，則取於兄弟大功以下者。」曾子問曰：「相識，有喪服可以與於祭乎？」孔子曰：「緦不祭，又何助於人？」（禮記曾子問）故以身執喪則不親爲饋奠之事，爲天子諸侯執喪則有以苴斬之身代爲饋奠者矣。君臣父子，交相致也。然則重服煢然，雖相識者不以一弔。諸侯天子有事則煢然就其役，若是則天子、諸侯有所奪於臣下也。天子、諸侯無所奪於臣下，則臣下煢然哭泣之，不遑而饋奠之，是從曰吉凶之不相襲也。君宗有事隕越，深墨而謀於國老、宗老，使斬衰、齊衰者代其饋奠先公先卿，實式靈之，何奪之有？故大夫有重服不弔相識，士有緦服不入宗廟。天子諸侯之喪祭，必使有重服者執事，所以廣愛、廣敬、極精微之至也。聖人有作，非夫草野易于所得而訾議也。

曾子問曰：「大夫士有私喪，可以除之矣，而有君服焉，其除之也如之何？」孔子曰：「有君喪服於身，不敢私服，又何除焉？於是乎有過時而弗除也。君之喪服除而后殷祭，禮也。」曾子問曰：「父母之喪弗除，可乎？」孔子曰：「先王制禮，過時弗舉，禮也。非弗能勿除也，患其過於制也。故君子過時不祭，禮也。」（禮記曾子問）

有君之喪則不除父母之喪，猶以君之喪而除父母之喪也。夫以君之喪而除父母之喪，則父母於君無所不絀，而謂君有所不奪於父母，何也？曰：君之喪，間值也。父母之哀，歿身焉。君之喪服除而後殷祭，其所告於父母則必有不同者矣。故禮之有喪服，聖人所酌於君父之至也。不知有君父，則亦不知有聖人。故大亂將至，而非聖、非孝、要君者比比也。

曾子問曰：「君薨既殯，而臣有父母之喪，則如之何？」孔子曰：「歸居于家，有殷事則之君所，朝夕否。」曰：「君既啟，而臣有父母之喪，則如之何？」孔子曰：「歸哭而反送君。」曰：「君未殯，而臣有父母之喪，則如之何？」孔子曰：「歸殯，反於君所。

有殷事則歸，朝夕否。大夫，室老行事。大夫内子，有殷事，亦之君所，朝夕否。」曰：「君之喪既引，聞父母之喪，如之何？」孔子曰：「遂。既封而歸，不俟子。」曾子又曰：「父母之喪既引，及途，聞君薨，如之何？」孔子曰：「遂。既封，改服而往」。（禮記曾子問）

君父之間得是五問者，則情法事理皆備之矣。情、法、事、理，四者各不相奪也。因重而重，因急而急，各相其宜而與之適。古之聖賢其推究禮意真至如此，而後世人臣猶有朝夕趣利生戀，其君死，忘其父母，釋衰絰，以就纓組之事者。

子夏問曰：「三年之喪卒哭，金革之事無辟也者，禮與？初有司與？」孔子曰：「夏后氏三年之喪，既殯而致事，殷人既葬而致事。記曰『君子不奪人之親，亦不奪親也』，此之謂乎！」子夏曰：「金革之事無辟也者，非與？」孔子曰：「吾聞諸老聃：『昔者魯公伯禽有爲爲之也。今以三年之喪從其利者，吾不知也。』」（禮記曾子問）

禮凡見人三年之喪無免絰，雖朝於君無免絰，惟公門有脱齊衰，言夫不杖之齊衰也。若斬衰與杖齊衰，則皆不入公門。傳曰：「君子不奪人之喪，亦不奪喪也。」（禮記服問）又曰：「罪多而刑五，喪多而服五，上附下附，例也。」（禮記服問）故君子苴服而有天刑之心。公羊高曰：「古者臣有大喪，則君三年不呼其門。已練可以弁冕，服金革之事。君使之，非也。臣行之，禮也。閔子要絰而服，事既而曰：『若此乎，古之道不即人心。』

退而致仕。孔子蓋善之也。」（春秋公羊傳宣西元年）如閔子，則可謂知禮者矣。

子云：「孝以事君，弟以事長，示民不貳也。故君子有君不謀仕，惟卜之日稱貳君。喪父三年，喪君三年，示民不疑也。父母在，不敢有其身，不敢私其財也，示民有上下也。故天子四海之内無客禮，莫敢爲主焉。故君適其臣，升自阼階，即位於堂，示民不敢有其室也。父母在，饋獻不及車馬，示民不敢專也。以此坊民，民猶忘其親而貳其君。」（禮記坊記）

是謂以君爲親者也，如以親爲君者乎？以君爲親，不敢有其身；以親爲君，而欲有其官，則亂也。或曰天子制四海，四海之内，不得有其親，則是以君滅親也。以君滅親，猶之以親滅君者也。

子云：「父母在，不稱老。言孝不言慈。閨門之内，戲而不歎。以此坊民，民猶薄於孝而厚於慈。」子云：「祭祀之有尸也，宗廟之有主也，示民有事也。修宗廟，敬祭祀，教民追孝也。以此坊民，民猶忘其親。」（禮記坊記）

薄孝而厚於慈，忘親而急於君，則君子無責焉耳。君子之無責之何也？君親之責有所不至也。

右傳十四則

廣要道章第十二

子曰：「教民親愛，莫善於孝。教民禮順，莫善於悌。移風易俗，莫善於樂。安上治民，莫善於禮。禮者，敬而已矣。故敬其父則子悦，敬其兄則弟悦，敬其君則臣悦，敬一人而千萬人悦。所敬者寡而悦者衆。此之謂要道也。」

孝悌者，禮樂之所從出也。孝悌之謂性，禮樂之爲[一]教，因性明教，本其自然，而至善之用出焉，亦曰不敢惡慢而已。敢於惡慢人，則敢於毀傷人，敢於毀傷人，則毀傷之者至矣。夏書曰：「民可近，不可下。」又曰：「予臨兆民，凛乎若朽索之馭六馬，爲人上者，柰何不敬？」（尚書夏書五子之歌）故敬者，禮之實也。敬而後悦，悦而後和，和而後樂生焉。敬一人而千萬人悦，禮樂之本也。明主治天下，必知其本務而致力之。然則帝舜不敬伯鯀以悦神禹，仲尼不敬盜跖以悦展季，武王不敬辛受以悦微、箕，何也？曰：聖人非以敬而貿悦於人也。民情多散而敬以聚之，民情多傲而爲敬以下之。雖在刑戮之中，而猶有敬意焉。天下之和睦，則必由

[一] 爲，康熙本同，四庫本作「謂」。

此也。詩曰「穆穆文王，於緝熙敬止」（詩經大雅文王），如文王，則可謂知要也。

右經第十二章

大傳第十二

孟子曰：「仁之實，事親是也；義之實，從兄是也。智之實，知斯二者弗去是也；禮之實，節文斯二者；樂之實，樂斯二者，樂則生矣；生則惡可已也，惡可已，則不知手之舞之，足之蹈之。」（孟子離婁上）

仁義禮智四者，孝弟之華也。孝弟積於中，則仁義禮智發於外。仁義禮智發於外，則鐘鼓管籥從之生矣。記曰：「德者，性之端也；樂者，德之華也；金石絲竹，樂之器也。詩，言其志也；歌，詠其聲也；舞，動其容也。三者本於心，然後樂器從之。是故情深而文明，氣盛而化神，和順積中而英華發外。」（禮記樂記）考其所由，未有不因教而成者，故孝與教同旨也。

記曰：「禮之於正國也，猶衡之於輕重也，繩墨之於曲直也，規矩之於方圓也，故衡誠懸，不可欺以輕重；繩墨誠陳，不可欺以曲直；規矩誠設，不可欺以方圓；君子審禮，不可欺以奸詐。是故隆禮由禮謂之有方之士，不隆禮、不由禮謂之無方之民，敬讓之道也，故以奉宗廟則敬，以入朝廷則貴賤有位，以處家則父子親、兄弟和，以處鄉里則長幼有序。孔子曰『安上治民，莫善於禮』，此之謂也。」（禮記經解）

讓者禮之實也，孝弟者讓之實也，不孝弟則不仁，不仁則不讓，不讓則禮爲虛設矣。傳曰：「弦歌、干揚，樂之末也，故童者舞之。尊俎、籩豆，禮之末也，故有司掌之。」（禮記樂記）爲治而不以仁讓，行其孝弟，雖由禮無益也。然且君子貴之，貴其由禮以遠於不由禮者也。故曰禮記者，孝經之傳注也，如安上治民之論與家至日見之説是也。

故朝覲之禮，所以明君臣之義也；聘問之禮，所以使諸侯相尊敬也；喪祭之禮，所以明臣子之恩也；鄉飲酒之禮，所以明長幼之序也；昏姻之禮，所以明男女之别也。夫禮，禁亂之所由生，猶坊止水之所自來也。故以舊坊爲無所用而壞之者，必有水敗；以舊禮爲無所用而去之者，必有亂患。（禮記經解）

禁亂去患無它，亦曰敬而已。敬而後和，和而後悦，悦而後萬國之懽心可聚也。故郊祀、禘嘗、耕藉、視學、養老、選射六者，禮之至微者也；朝覲、聘、問、喪、祭、鄉飲酒六者，禮之至著者也。以其微者通於賢士大夫，以其著者通於遐方殊俗，而後天下共懽，邦家無怨。故雖在一室之内而有郊祀之意焉，豫順之謂也。

能敬而後豫，由禮而後悦，先王所作樂崇德，殷薦上帝以配祖考則亦謂此也。

故昏姻之禮廢，則夫婦之道苦，而淫辟之罪多矣。鄉飲酒之禮廢，則長幼之序失，而爭鬭之獄繁矣。喪祭之禮廢，則臣子之恩薄，而倍死忘生者衆矣。聘覲之禮廢，則君臣之位失，而倍畔侵陵之敗起矣。故禮之教化也微，其止邪也於未形，使人日徙善遠罪而不自知也，是以先王隆之也。（禮記經解）

止邪之道無它，亦曰敬而已矣。不敢遺小國之臣而後得之公侯伯子男，不敢侮於鰥寡而後得於士民，不敢失於臣妾而後得於妻子。凡患亂之生，始於不敬，不敬之生始於臣妾鰥寡小國之臣。故十二禮者皆所以章敬於臣妾鰥寡之義也，臣妾鰥寡以爲不敬，則郊祀祖考亦無所致其敬矣。詩曰「敬之敬之，天惟顯思」（詩經周頌敬之），是之謂也。

古者聖王重冠。古者冠禮：筮日、筮賓，所以敬冠事，敬冠事所以重禮，重禮所以爲國本也。故冠於阼，以著代也。醮於客位，三加彌尊，加有成也。已冠而字之，成人之道也。見於母，母拜之，見於兄弟，兄弟拜之，成人而與爲禮也。玄冠玄端奠摯於君，遂以摯見於卿大夫、鄉先生，以成人見也。成人之者，將責成人禮也。責成人禮焉者，將責爲人子、爲人弟、爲人臣、爲人少者之禮行焉。將責四者之行於人，其禮可不重與？故孝弟

忠順之行立而後可以爲人，可以爲人而後可以治人也。（禮記冠義）

孝弟、忠順者何也？敬而已矣。敬以爲孝弟則無所不忠順也，不敬而曰「吾孝弟忠順」，孰信之？趙文子冠，遍見於諸大夫，三卻之言不順，張老非之，以三卻爲失孝弟之意者也。孝弟不著於中國而下車趨風，自爲知禮者，亦畔亂之道也。

昏禮者，將合二姓之好，上以事宗廟，而下以繼後世[二]也，故君子重之。是以昏禮納采、問名、納吉、納徵、請期，皆主人筵几於廟，拜迎於門外，入，揖讓而升，聽命於廟，所以敬慎重正也。敬慎重正而後親之，所以成男女之别、立夫婦之義也。男女有别而後夫婦有義，夫婦有義而後父子有親，父子有親而後君臣有正。故曰：「昏禮者，禮之本也。」（禮記婚義）

冠與昏孰重？曰：昏重。然則冠之先於昏，何也？曰：冠而後昏之，猶父而後子之也。君有不先命於父，臣有不先命於子[三]，故父命而冠，猶父命而昏之也，君臣之所未致也。

父親醮子而命之迎，子承命以迎，主人筵几於廟，而拜迎于門外。壻執鴈入，揖讓升

[二] 「世」字後，底本、康熙本皆無「者」字，四庫本有。按禮記同四庫本。

[三] 「君有不先命於臣，父有不先命於子」，康熙本同，四庫本作「君有不先命於父，臣有不先命於子」。

堂，再拜奠鴈，蓋親受之於父母也。降出，御婦車，而壻授綏，御輪三周，先俟于門外，揖婦以入。共牢而食，合巹而酳，所以合體同尊卑，以親之也。夙興，婦沐浴以俟見。質明，贊見婦於舅姑，婦執笲棗、栗、段、修以見，贊醴婦，婦祭脯醢，祭醴，成婦禮也。舅姑入室，婦以特豚饋，明婦順也。厥明，舅姑共饗，婦以一獻之禮，奠酬，舅姑先降自西階，婦降自阼階，以著代也。成婦禮，明婦順，又申之以著代，所以重責婦順也。婦順者，順於舅姑，和於室人，而後當於夫，以成絲麻布帛之事，以審守委積蓋藏。是故婦順備而後内和理，内和理而後家可長久也。（禮記婚義）

家之理始於婦，國之理始於后夫人婦妃，后不順而能順於天下，未之有也，故曰「婦本順者也」。關雎、鵲巢，乾、坤、咸、恒，皆以教順。順始於敬，不敬未有能順者也。内則曰「適子、庶子，祇事宗子宗婦。雖貴富，不敢以貴富入宗子之家；雖衆車徒，舍於外，以寡約〔一〕入。子弟歸器、衣服、裘衾、車馬必獻其上，而後敢服用其次〔二〕也。若非所獻，則不敢以入於宗子之門，不敢以貴富加於父兄宗族」，是所以教弟也。教弟而後能孝，能孝而後能順，未有不教弟而能順者也。

〔一〕約，底本、康熙本作「納」，據禮記内則，從四庫本改。
〔二〕次，底本、康熙本作「大」，據禮記内則，從四庫本改。

鄉飲酒之義：主人拜迎賓於庠門之外，三揖而後至階，三讓而後升，所以致尊讓也。盥洗、揚觶，所以致潔也。拜至、拜洗、拜受、拜送、拜既，所以致敬也。尊讓潔敬者，君子之所以相接也。君子尊讓則不爭，絜敬則不慢。不慢不爭則遠於鬭辨矣，不鬭辨則無暴亂之旤矣。（禮記鄉飲酒義）

又曰「尊於房户之間，賓主共之也。尊有玄酒，貴其質也。羞出自東房，主人共之也。洗當東榮，主人所自潔以事賓也。賓、主，象天地也。介、僎，象陰陽也。三賓，象三光也。讓之三也，象月之三日而成魄也。四面之坐，象四時也。天地嚴凝之氣始於西南而盛於西北，此天地之尊嚴氣也，此天地之義氣也。天地温厚之氣始于東北而盛于東南，此天地之盛德氣也，此天地之仁氣也。主人尊賓，故坐賓于西北坐，介於西南以輔賓。賓者，接人以義者也，故坐于西北；主人者，接人以仁以德厚者也，故坐于東南，而坐僎於東北以輔主人也。」（禮記鄉飲酒義）又曰「祭薦、祭酒，敬禮也。嚌肺，嘗禮也。啐酒，成禮也。于席末，言是席之正非專爲飲食也，爲行禮也，此所以貴禮而賤財也。卒觶，致實于西階上，言是席之上非專爲飲食也，此先禮而後財之義也。」（禮記鄉飲酒義）又曰「鄉飲酒之禮，六十者三豆，七十者四豆，八十者五豆，九十者六豆，所以明養老也。民知尊長養老，而後能入孝弟；民入孝弟，出尊長養老而後成教；成教而後可安也。」（禮記鄉飲酒義）

鄉飲酒之義，立賓以象天，立主以象地，設介、僎以象日月，立三賓以象三光。古之制禮也，經之以天地，紀之以日月，參之以三光，政教之本也。亨狗于東方，祖陽氣之發於東方也。洗之在阼，其水在洗東，祖天地之左海也。尊有玄酒，教民不忘本也。賓必南鄉，介必東鄉，主人必居東方。東方者春，春之爲言蠢也，産萬物者也。月者三日則成魄，三月則成時，是以禮有三讓，建國必立三卿。三賓者，政教之本，禮之大參也。（禮記鄉飲酒義）

四位參中，或者謂是獻酬之禮也。獻酬之禮則不宜言賓南鄉，言賓南鄉則不宜言天子立中。蓋主、介、僎，皆天子使之。天子始視饗之禮也，則古者未之講也，然得其意以爲教敬、教讓，使民作孝弟者，則必於是始也。

古者諸侯之射也，必先行燕禮；卿士大夫之射也，必先行鄉飲酒之禮。故燕禮者，所以明君臣之義也；鄉飲酒之禮者，所以明長幼之序也。故射者，進退周旋必中禮。内志正，外體直，然後持弓審固，持弓審固，然後可以言中。此可以觀德行矣。其節：天子以騶虞，諸侯以貍首，卿大夫以采蘋，士以采蘩。騶虞者，樂官備也。貍首者，樂會時也。采蘋者，樂循法也。采蘩者，樂不失職也。故天子以備官爲節，諸侯以時會天子爲節，卿大夫以循法爲節，士以不失職爲節。故明乎其節之志，以不失其事，則功成而德行立。德行立則無暴亂之禍矣，功成則國安。故曰：「射者，所以觀盛德也。」（禮記射義）

人心喜競射者，以競而教讓；人心喜玩射者，以玩而教敬。内志外體，所以教敬序賢。序不侮，所以教讓也。故以德行爲功者，射之謂也。

古者天子以射選諸侯、卿、大夫、士。射者，男子之事也，因而飾之以禮樂也。故事之盡禮樂而可數爲以立德行者，莫若射，故聖王務焉。古者天子之制，諸侯歲獻，貢士於天子，天子試之於射宫。其容體比於禮，其節比於樂，而中多者，得與於祭；其容體不比於禮，其節不比於樂，而中少者，不與於祭。數與於祭而君有慶，數不與於祭而君有讓；數有慶而益地，數有讓而削地。故曰：「射者，射爲諸侯也。」此天子所以養諸侯兵不用，而諸侯自爲正之具也。（禮記射義）

又曰「爲人父者以爲父鵠，爲人子者以爲子鵠，爲人君者以爲君鵠，爲人臣者以爲臣鵠。故射者各射己之鵠。射之爲言繹也，或曰舍也。繹者，各繹己之志。」（禮記射義）詩曰「於繹思」（詩經周頌賚），又曰「舍命不渝」（詩經鄭風羔裘），蓋言射也。賁軍之將、亡國之大夫、與爲人後者之不得在此位也，所以正志、直體、審固於德行之始也。德行不審固，而曰「吾能弓矢」，則君子不取也。

天子制諸侯，比年小聘，三年大聘，相厲以禮。使者聘而誤，主君弗親饗食也，所以愧厲之也。諸侯相厲以禮，則外不相侵，内不相陵。此天子所以養諸侯，兵不用而諸侯自爲正之具也。以圭璋聘，重禮也。已聘而還圭璋，此輕財而重禮之義也。諸侯相厲以輕財重禮，則民作讓矣。聘、射之禮，至大禮也。質明而始行事，日幾中而後禮成，非强有力者弗能行也，故强有力者將以行禮也。酒清，人渴而不敢飲也；肉乾，人饑而不敢食也；日莫人倦，齋莊正齊而不敢解惰。以成禮節，以正君臣，以親父子，以和長幼。此衆人所難而君子行之，故謂之有行。有行之謂有義，有義之謂勇敢。故所貴於勇敢者，謂其能立義也；所貴立義者，謂其有行也；所貴有行者，謂其行禮也。故貴勇敢者，貴其敢行禮義也。故勇敢、强有力者，天下無事則用之於禮義，天下有事則用之於戰勝。用之於戰勝則無敵，用之於禮義則順治。外無敵，內順治，此之謂盛德。〔一〕（禮記聘義）

冠婚、燕、射、朝、聘、鄉飲酒、喪、祭，此八者，移風易俗、安上治民之路也。然而聖人之意常在於臨雍養老，臨雍養老則天下之父子兄弟皆有所勸。其所以勸者，謂天子所致敬在爵賞慶譽之外也。天子不能遍敬天下之父老，又不能使尚齒之義獨據於德爵之上，故必合八者而行之，使三達之義本於一敬，使天下之强有力者不得與三達爭馳。蓋自其舞象成童時，服習已如此矣，故天下之血氣平、筋力柔，而畔亂犯上者不作也。詩

〔一〕「德」字後，四庫本多「故聖王之貴勇敢、強有力如此也」一句。按此句亦是禮記聘義的文句。

曰「無競維人，四方其訓之。有覺德行，四國順之」（詩經大雅抑），言夫孝弟者，天子所以訓順也。以敬訓順，是之爲要道也。

右傳十三則

廣至德章第十三

子曰：「君子之教也，非家至而日見之也。教以孝，所以敬天下之爲人父者也。教以弟，所以敬天下之爲人兄者也。教以臣，所以敬天下之爲人君者也。」（首句「君子之教以孝也」，去「以孝」二字）

「詩云：『愷悌君子，民之父母。』非至德，孰能順民，如此其大者乎！」

愛人者，不敢惡於人。敬人者，不敢慢於人。君子之不敢惡慢於人，非獨爲其父兄也，臣妾妻子猶且敬之。要其本性，立教則必自父兄始也。自父兄始者，所以帥天下子弟而君之，猶其子弟之天也。以子弟之天，悦天下之子弟；以子弟之君，敬天下之父兄，其事不煩而其本至一。故有父之尊，有母之親，有師之嚴，有兄之友，而又有天之神焉，是天之所以立君也。天之立君以教天下，如其生殺則雨露霜霆，天且優爲之也。惟是冠婚、喪祭、禮樂之務，非天子不能總其家政，故天以爲家，帥其子弟而寄家令焉。書曰「作之君，作之師。惟其克相上帝」（尚書周書泰誓），又曰「元后作民父母」（尚書周書泰誓），是之謂也。

右經第十三章

大傳第十三

君子之所謂孝者，非家至而日見之也。合諸鄉射，教之鄉飲酒之禮，而孝弟之行立矣。孔子曰：「吾觀於鄉而知王道之易易也。」主人親速賓及介，而衆賓從之，至於門外，主人拜賓及介，而衆賓自入，貴賤之義別矣。三揖至於階，三讓以賓升，拜至，獻酬，辭讓之節繁；及介，省矣；至於衆賓，升受，坐祭，立飲，不酢而降，隆殺之義辨矣。工入，升歌三終，主人獻之；笙入三終，主人獻之；閒歌三終，合樂三終。工告樂備，遂出。一人揚觶，乃立司正焉。知其能和樂而不流也。賓酬主人，主人酬介，介酬衆賓，少長以齒，終於沃洗者焉，知其能弟長而無遺矣。降，説屨，升坐，修爵無數。飲酒之節，朝不廢朝，莫不廢夕。賓出，主人拜送，節文終遂焉。知其能燕安而不亂也。貴賤明，隆殺辨，和樂而不流，弟長而無遺，安燕而不亂，此五行者足以正身安國矣。國安而天下安，故曰：「吾觀於鄉，而知王道之易易也。」（禮記鄉飲酒義）

順天下者，順天下之性，因順而利導之，猶水之就下也。静居寂觀，主一無適，以是語敬則小民不能必使。子敬其父，弟敬其兄，臣敬其君，則人人知之，人人能之。易曰：「易知則有親，易從則有功。」（易傳系辭上）易知易從，亦其天性然也。孟子曰「道在爾而求諸遠，事在易而求諸難。人人親其親、長其長而天下平」（孟子離婁上），是之謂也。

仲尼曰：「昔者周公攝政，踐阼而治，抗世子法於伯禽，所以善成王也。成王幼，不能涖阼，以爲世子則無爲也。是故抗世子法於伯禽，使之與成王居，欲令成王之知父子、君臣、長幼之義也。君之於世子也，親則父也，尊則君也。有父之親，有君之尊，然後兼天下而有之，是故養世子不可不慎也。行一物而三善皆得者，唯世子而已，其齒於學之謂也。故世子齒於學，國人觀之，曰：『將君我而與我齒讓，何也？』曰：『有父在，則禮然。』然而衆知父子之道矣。其二曰：『將君我而與我齒讓，何也？』曰：『有君在，則禮然。』然而衆著于君臣之義也。其三曰：『將君我而與我齒讓，何也？』曰：『長長也。』然而衆知長幼之節矣。故父在斯爲子，君在斯爲〔二〕之臣，居子與臣之節，所以尊君親

〔二〕爲，康熙本同，四庫本作「謂」。按禮記爲「謂」。

親也。故學之爲父子焉，學之爲君臣焉，學之爲長幼焉，君臣、父子、長幼之道得而國治。語曰『樂正司業，父師司成，一有元良，萬邦以貞』，教世子之謂也。」（禮記文王世子）

古之教者不煩而治與！其敬一人而千萬人悦，不如教一人而千萬人聽之至也。教一人而千萬人聽者，其道莫若教胄子。教胄子莫如齒讓，胄子齒讓而天下大治。治天下之道，易簡若此，而卒莫之行者，驕貴之習成，而教養之方失也。賈生曰：「古之王者，太子初生，固舉以禮，使士負之，有司齋肅端冕，見之南郊，見于天也。過闕則下，過廟則趨，孝子之道也。故自爲赤子時，教固已行矣。昔者周成王幼，在襁褓之中，召公爲太保，周公爲太傅，太公爲太師。保，保其身體；傅，傅之德義；師，道之教訓，此三公之職也。於是爲置三少，皆上大夫也，曰少保、少傅、少師，是與太子燕居者也。故孩提有識，三公三少固明孝仁禮義，以道習之，逐去邪人，不使見惡行。於是皆選天下之端士、孝弟博聞有道術者，以衛翼之，使與太子起居出入。故太子初生而見正事，聞正言，行正道，左右前後皆正人也。習與正人居之，不能毋[一]正也，猶生長于齊之，不能不齊言也。習與不正人居之，不能毋不正也，猶生長於楚之，不能不楚言也。故擇其所嗜，必先受業，乃得嘗之；擇其所樂，必先有習，乃得爲之。孔子曰『少成若天性，習慣如自然』，是殷、周所以長有道也。」（新書卷五保傅）殷、周之所長有道者無它，曰親親、君君、長長三者而已。人君以是三者教其胄子，胄子以是三者君長天

[一] 毋，康熙本、四庫本皆作「無」。

下，咸本一敬，不敢有侮其臣妾之心。記曰「有君民之大德，有下民之小心」（禮記表記），詩曰「維此文王，小心翼翼」（詩經大雅大明），是之謂也。

凡學世子及學士，必時。春夏學干戈，秋冬學羽籥，皆於東序。小樂正學干，大胥贊之，籥師學戈，籥師丞贊之。胥鼓南。春誦，夏弦，太師詔之；瞽宗秋學禮，執禮者詔之，冬讀書，典書者詔之。禮在瞽宗，書在上庠。凡祭與養老乞言、合語之禮，皆小樂正詔之於東序。大樂正學舞干戚。語說，命乞言，皆大樂正授數，大司成論說在東序。凡侍坐於大司成者，遠近間三席，可以問，終則負墻，列事未盡不問。凡學，春官釋奠于其先師，秋冬亦如之。凡始立學者，必釋奠于先聖、先師，及行事，必以幣。凡釋奠者，必有合也。有國故則否。凡大合樂，必遂養老。（禮記文王世子）

言養老則亦養幼矣。養老、養幼，皆在東序。東序者，萬物之所以生也。然則貫革道息，虎賁說劍，而又冕而總干，學舞干戚，何也？曰：禮樂者，治亂所由終始也。治亂之終始存於敬肆，不存於文、武，文、武有張弛，敬肆則無張弛也。敬者，干也，詩書、絃誦、羽籥、干[一]戚之所由合也。以天子之尊而親總干戚，以

[一] 干，康熙本、四庫本皆作「戈」。

世子之貴而躬學絃誦，所以教爲人子、爲人弟、爲人臣，所撥亂致治之道也。然則是獨大武然耳，自五帝而上，有行之乎？曰：弧矢興而教射，射御興而干戚，皆備矣。故詩書干戚，自上世而有也，不在文、武之後也。在文、武之後，則唐虞以前無有明試者矣，故禮樂之飾與孝弟俱始也。

昔者有虞氏貴德而尚齒，夏后氏貴爵而尚齒，殷人貴富而尚齒，周人貴親而尚齒。虞、夏、殷、周，天下之盛王也，未有遺年者，年之貴乎天下久矣，次乎事親者也。是故朝廷同爵則尚齒。七十杖於朝，君問則席。八十不俟朝，君問〔二〕則就之，而弟達乎朝廷矣。行，肩而不併，不錯則隨，見老者則車、徒辟，斑白者不以任，而弟達乎道路矣。居鄉以齒，老窮不遺，强不犯弱，衆不暴寡，而弟達乎州巷矣。古之道，五十不爲甸徒，頒禽隆諸長者，而弟達乎獀狩矣。軍旅什伍，同爵則尚齒，而弟達乎軍旅矣。孝弟發諸朝廷，行乎道路，至乎州巷，放乎獀狩，修乎軍旅，衆以義死之而弗敢犯也。（禮記祭義）

若是，則皆以教悌也，而謂之教孝，教臣者何也？曰：孝弟，皆順也。順者，敬也。以敬教天下無有不順者矣。詩曰「豈弟君子，民之父母」（詩經大雅泂酌），猶是言弟也，而父母之道備焉，故謂之教弟也。然則天

〔二〕問，底本、康熙本皆作「命」，據禮記祭義，從四庫本改。

下有道，其自五十而上者多矣，聖人皆以老敬之，賞以之隆，罰以之殺，則是有所不治也。曰賞罰者，孝弟之流委也。聖人治原，衆人治委。

祀乎明堂，所以教諸侯之孝也。食三老、五更於太學，所以教諸侯之弟也。祀先賢於西學，所以教諸侯之德也。耕藉，所以教諸侯之養也。朝覲，所以教諸侯之臣也。五者，天下之大教也。食三老、五更於太學，天子袒而割牲，執醬而饋，執爵而酳，冕而總干，以教諸侯之弟也。是故鄉里有齒，而老窮不遺，强不犯弱，衆不暴寡，此由太學来者也。（禮記祭義）

五教而歸於太學，五禮而歸於養老，故禮教之有養老，猶六府之有嘉穀也。養老之禮廢，而教子、教弟、教臣三教者無所致其敬。記曰：「顔回尚三教，不養老而三教無所措，雖夫子爲政，仲由佐之，施其車裘，無益於老幼也。」

天子設四學。當入學而太子齒。天子巡守，諸侯待于竟。天子先見百年者。八十、九十者東行，西行者弗敢過也；西行，東行者弗敢過。欲言政者，君就之可也。一命齒于鄉里，再命齒于族，三命不齒。族有七十者弗敢先。七十者不有大故不入朝。若有大故而入，君必與之揖讓，而後及爵者。（禮記祭義）

此猶參用三代之禮也。古之天子將釋奠於先聖，必先釋奠於先老，故釋奠而舍先老，非禮也。然則天子視學、世子齒冑、天子養老乞言，世子皆在焉，其禮如何？曰：未之睹也。天子視學，世子齒冑，蓋猶之分舉也。天子視學，則君爲政，釋奠、憲乞、合養，天子主之。所以明有君也。世子齒冑，則師爲政，釋菜〔一〕、舞象、弦誦，皆司成樂正主之。禮無生而貴者，其在於君則臣也，其在於師則弟子也。然則視學、齒冑，禮不並舉，則爲世子不見憲乞之禮與？曰：君行，則世子居於宮中，天子之禮樂未敢舉也，以爲蛾術，則猶之離經辨志也。然則每視學，則諸禮皆舉與？記曰「凡天子釋奠則皆養老」，或憲或乞，則三代殊等也。然則四學各別其禮，何也？學禮曰：「帝入東學，上親而貴仁，則親親有序，而恩相及矣。帝入南學，上齒而貴信，則長幼有序，而民不誣矣。帝入西學，上賢而貴德，則賢智在位，而功不遺矣。帝入北學，上貴而尊爵，則貴賤有等，而下不踰矣。帝入太學，承師問道，退習而考於大傅，罰其不則，匡其不及，則德智長而道理得矣。」是蓋有不養老者也，然而同親以齒，同爵以齒，則猶之老老也。故老老者，治之至要也。

子言之：「父之親子也，親賢而下無能；母之親子也，賢則親之，無能則憐之。母，親而不尊；父，尊而不親。水之於民也，親而不尊；火，尊而不親。土之於民也，親而不尊；天，尊而不親。命之於民也，親而不尊；鬼，尊而不親。詩云：『豈弟君子，民

〔一〕菜，康熙本同，四庫本作「奠」。

之父母。』豈以強教之，弟以説安之。樂而毋荒，有禮而親，威莊而安，孝慈而敬。使民有父之尊，有母之親，如此而後可以爲民父母矣。非至德其孰能如此乎？」（禮記表記）

至德莫若順，至順莫若敬，敬者得天，順者得地。敬順合而成化，道德合而成治，雖五帝而上由此矣。然則曰至孝近王，至悌近霸，何也？曰：至孝者，郊祀禘嘗之務也；至弟者，齒胄養老之務也。有父母而後有兄弟，有天子而後有諸侯，有王而後有霸。自天子以至於庶人，未有不由敬而順，由不敬而亂者。孟子曰：「以德行仁者王，以力假仁者霸。」（孟子公孫丑上）仁可假，孝不可假。孝可假，敬不可假。世未有假父母以取順於其子姓者也。

右傳七則

廣揚名章第十四

子曰：「君子之事親孝，故忠可移於君；事兄悌，故順可移於長；居家理，故治可移於官。是以行成於内，而名立於後世矣。」

君子之立行，非以爲名也，然而行立則名從之矣。事親孝，事兄悌，居家理，此三者修於實而無其名。事君忠，事長順，居官治，此三者有其實而名應之。詩曰：「文王有聲，遹駿有聲。」（詩經大雅文王有聲）周公之告召公曰「丕單稱德」（尚書周書君奭），皆不諱名也，而今之君子則必以名爲諱，故孝弟衰而忠順息，居家不理，治官無狀，而猥〔二〕享爵祿者衆也。

右經第十四章

〔二〕猥，原作「猥」，從康熙本、四庫本改。

大傳第十四

傳曰：「所謂治國在齊其家者，其家不可教而能教人者，無之。故君子不出家而成教於國。孝者，所以事君也；弟者，所以事長也；慈者，所以使衆也。康誥曰『如保赤子』，心誠求之，雖不中不遠矣。未有學養子而後嫁者也。一家仁，一國興仁；一家讓，一國興讓；一人貪戾，一國作亂，其機如此，此謂一言僨事，一人定國。堯舜帥天下以仁，而民從之；桀紂帥天下以暴，而民從之；其所令反其所好，而民不從。是故君子有諸己而後求諸人，無諸己而後非諸人。所藏乎身不恕，而能喻諸人者，未之有也。故治國在齊其家。詩云『桃之夭夭，其葉蓁蓁。之子于歸，宜其家人』，宜其家人，而後可以教國人。詩云『宜兄宜弟』，宜兄宜弟，而後可以教國人。詩云『其儀不忒，正是四國』，其爲父子兄弟足法，而後民法之也。此謂治國在齊其家。」（禮記大學）

宜其家人，可以語孝乎？語曰「孝衰於妻子」，使孝不衰於妻子，則亦可以語孝矣。其儀不忒，可以語孝乎？記曰「有和氣必有愉色，有愉色必有婉容」（禮記祭義），愉色婉容可以稱儀矣。然則移孝、移忠、移治，移之何義也？曰：是先後之序也。君子之爲治也，治其本而後正其末，正其不移者而後其移之，皆具也。一家仁讓，一國仁讓，仁讓滿國，不缺於家，何移之有？然則君子成教於家，傳之後世，法之天下，其亦謂名與？曰：堯、舜者，孝弟之名也。孟子曰：「徐行後長者謂之弟，疾行先長者謂之不弟。夫徐行者，豈人所不能哉？所不爲耳。堯、舜之道，孝弟而已矣。」（孟子告子下）由孝弟而行仁義，由仁義而名堯、舜，堯、舜有後世之名，堯、舜亦有所不辭也。然則其當世無名者何？蓋有之矣，民無得而稱焉。

曾子曰：「君子立孝，其忠之用，禮之貴。故爲人子不能孝其父者，不敢言人父不能畜其子者；爲人弟不能承其兄者，不敢言人兄不能順其弟者；爲人臣不能事其君者，不敢言人君不能使其臣者也。故與父言，言畜子；與子言，言孝父；與兄言，言順弟；與弟言，言承兄；與君言，言使臣；與臣言，言事君。是故未有君而忠臣可知者，孝子之謂也；未有長，而順下可知者，弟弟之謂也；未有治而能仕可知者，先修之謂也。故曰：孝子善事君，弟弟善事長。君子一孝一悌，可謂知終矣。」（大戴禮記曾子立孝）

一家之老，達於天子；一市之邑，通於天下。未有治而能仕可知者，無它，亦曰孝弟而已。季康子問：「使民敬忠以勸，如之何？」子曰：「臨之以莊則敬，孝慈則忠，舉善而教不能則勸。」（論語爲政）臨之以莊，君臣之義也；孝慈則忠，父子之道也；舉善而教不能，兄、師之務也，合是三者，亦可以治天下矣。書曰

「始于家邦，終于四海」（尚書商書伊訓），君子知終，是之謂也。

曾子曰：「君子爲小猶爲大也，居猶仕也，備則未爲備也，而勿慮存焉。事父可以事君，事兄可以事師長；使子猶使臣也，使弟猶使承嗣也；能取朋友者，亦能取所與從政者矣。賜與其宮室，亦猶慶賞於國也；忿怒其臣妾，亦猶用刑罰於萬民也。是故爲善必自内始也，内人怨之，雖外人亦不能立也。」（大戴禮記曾子立事）

行成於内，是之謂也。君子之有内行者，必有外治，非以爲名其所勿慮者然也。「忿怒其臣妾，猶刑罰於萬民」，言其毁傷之有不敢也，而不知者以是爲訢厲，則是以妻子臣妾爲百姓徒役也。以妻子臣妾比於百姓徒役，而家能治者未之有也。

曾子曰：「君子之於子也，愛而勿面也，使而勿貌也，導之以道而勿強也。宮中雍雍，外焉肅肅，兄弟憘憘，朋友切切，遠者以貌，近者以情。友以立其所能，而遠其所不能。苟無失其所守，亦可與終身矣。」（大戴禮記曾子立事）

孝經之言皆未有及於朋友者，而曾子每言朋友，何也？朋友者，兄弟之推也。行弗信於兄弟，則亦弗信於朋友矣。然則君子之於子，導而弗強，何也？曰：強則傷恩。然則君子之於民，導而復強之乎？曰：民性本順，順而利導之，何強之有？詩曰：「順帝之則。」（詩經大雅皇矣）賈生曰：「事君之道，不過於事父，故不肖者之事父也，不可以事君。事長之道，不過於事兄，故不肖者之事兄也，不可以事長。使下之道，不過於使弟，故不肖者之使弟也，不可以使下。交接之道，不過於爲身，故不肖者之爲身也，不可以接友。慈民之道，不過於慈其子，故不肖者之愛子不可以慈民。居官之道，不過於居家〔二〕，故不肖者之於家也，不可以居官。夫道者，行之於父，則行之於君矣。行之於兄，則行之於長矣。行之於弟，則行之於下矣。行之於身，則行之於友矣。行之於子，則行之於民矣。行之於家，則行之於官矣。」（新書卷九大政下）甚矣，賈生之言似曾子也。

記曰：「君子有三患：未之聞，患弗得聞也；既聞之，患弗得學也；既學之，患弗得行也。君子有五耻：居其位而無其言，君子耻之；有其言而無其行，君子耻之；既得之而又失之，君子耻之；地有餘而民不足，君子耻之；衆均而寡倍焉，君子耻之。」（禮記雜記）

是猶曾氏之言也。然則名不立於後世，君子不耻之，何也？曰：行不成於内，則君子恥之。没世無稱，則是君子之所疾也。曾子曰：「華繁而實寡者，天也；言多而行寡者，人也。」（大戴禮記曾子疾病）夫多華言而寡實行，即其妻子臣妾猶且耻之，而况於君子乎？

曾子曰：「君子無悒悒於貧，無勿勿於賤，無憚憚於不聞，布衣不完，蔬食不飽，蓬

〔二〕「居官之道，不過於居家」，康熙本、四庫本皆作「居家之道，不過於居官」。按新書爲「居官之道，不過於居家」。

戸穴牖，日孜孜上仁，知我吾無訢訢，不知我吾無悒悒。是以君子直言直行，不宛言而取富，不屈行而取位。畏之見逐，智之見殺，固不難；詘身而爲不仁，宛言而爲不智，則君子弗爲也。」（大戴禮記曾子制言）

畏之見逐，智之見殺，可以謂孝乎？曰：孝移於忠而孝始衰。孝之始衰者，何也？曰：直者孝之所不貴也。父無殺逐，而君有殺逐。君而父之，父而君之，殺逐相半也，而孝與直，勢不得半，故孝之貴順也。順而不可，則君子自隕焉，毋以殺逐成君父之名。然則曾子之言此者，何也？惡夫世之苟富貴以敗名於外、惰行於内者也。

曾子曰：「君子以仁爲尊。天下之爲富，天下之爲貴。何爲富？則仁爲富也。何爲貴？則仁爲貴也。昔者，舜匹夫也，土地之厚，得而有之；人徒之衆，得而使之；舜惟仁以得之也。是故君子悦[一]富貴，必勉於仁也。昔者，伯夷、叔齊死於溝澮之間，其名成於天下。夫二子者，居河濟之間，非有土地之厚、貨粟之富也；言爲文章，行爲表綴於天下。是故君子思仁義，晝則忘食，夜則忘味，日旦就業，夕而自省，以役其身，亦可謂守

[一] 悦，底本、康熙本皆作「脱」，據大戴禮記曾子制言，從四庫本改。

業矣。」（大戴禮記曾子制言）

守業者，可以成名乎？成名者無業，仁之爲業，孝之爲業。守業之意不在於成名也。自舜、夷、齊以來，移孝移弟以治官者多矣，而未有傳者。顔、閔、孟、曾未以忠順治官稱也，而其名獨聞。故以忠順治官，爲可法於天下，可傳於後世者，則夷、齊之没久矣。然則夷、齊絶祀，可以爲孝乎？曰：移而作忠。兄弟偕亡，可以爲弟乎？曰：移而教順。不比於十夫，可以治官乎？曰：移理以清。然則泰伯、虞仲可以治官乎？曰：治於荆蠻，變於吴越，何不可治官之有？然則自舜以來，未有若夷、齊、泰伯、虞仲之仁者也。子曰：「富與貴是人之所欲也，不以其道得之，不處也；貧與賤是人之所惡也，不以其道得之，不去也。君子去仁，惡乎成名？君子無終食之間違仁，造次必於是，顛沛必於是。」（論語里仁）

右傳七則

諫諍章第十五

曾子曰：「若夫慈愛、恭敬、安親、揚名，則聞命矣。敢問子從父之令，可謂孝乎？」子曰：「是何言與？是何言與？昔者天子有爭臣七人，雖無道，不失其天下。諸侯有爭臣五人，雖無道，不失其國。大夫有爭臣三人，雖無道，不失其家。士有爭友，則身不離於令名。父有爭子，則身不陷於不義。故當不義，則子不可以不爭於父，臣不可以不爭於君。故當不義則爭之，從父之令，又焉得爲孝乎？」

古之爲禮者，未有諫諍之禮也。史爲書，瞽誦詩，士箴諫，大夫規誨，士傳言，官師相規，工執藝事，然而記禮者未之取也。取其揚觶者，則猶諸侯、卿大夫之禮也。然則易有之乎？曰：納約巷遇，是亦未之有也。然則春秋有之乎？曰：濫淵祈招，春秋未之書也。書殺洩冶，未知其何以死也。然則書有之乎？五子之歌則猶之誦詩也，微子、王子私討焉耳。然則古皆未有諫諍之禮也。孟子曰「有故而去，反覆而不聽，則去」（孟子萬章上），是近於禮矣，然而未顯，則猶是列國之事也。賈生曰「太子既冠，成人，免於保傅之嚴，則有司過之史，撤膳之宰。天子有過，史必書之。史之義，不得書過則死。宰必撤之[一]，宰之義，不得撤膳則死」（新書卷五保傅），是則可謂諫諍之禮矣，然猶是史宰之事也。天下之司諫者獨史宰乎？伊訓曰：「臣下不匡，其刑墨。」易曰：「鼎折足，覆公餗，其刑剭。」（易經鼎卦）剭與墨，皆刑也。禮失而後入於刑，入於刑則禮可不設矣。夫爲領臣之子則亦猶此乎？然則君父皆聖明者也，而亦有不義，何也？曰：聖明之過不裁于義，則亦有不義者矣。裁而後顯之，裁而後安之。然則顯親之與安親有別乎？曰：安親者，當日之事。顯親者，異日之事也。劉生曰：「『王臣蹇蹇，匪躬之故。』人臣所蹇蹇爲難，而諫其君者非爲身也，將欲以匡君之過、矯君之失也。君有過失，危亡之萌也。見君之過失而不諫，是輕君之危亡也。輕君之危亡，忠臣不忍爲也。三諫不用則去，不去則身亡，身亡者，仁人所不爲也。是故諫有五：一曰正諫，二曰降諫，三曰忠諫，四曰戇諫，五曰諷諫。孔子曰：『吾其從諷諫矣乎。』夫不諫則危君，諫則危身；與其危君，寧危身；危身而不用，則諫亦無功矣。智者度君權時，調其緩急而處其宜，上不以危君，下不以危身。故在國而國不危，在身而身不殆。昔陳靈公不聽泄冶之諫而殺之，曹羈三諫曹君不聽而去，春秋序義，雖俱賢而曹羈合禮。」（說苑卷九正諫）然則臣可去也，子不可去也。去而無所，逃則若何？伋壽之乘舟，申生之守其則，孰爲義乎？皆義也。然則古有子諫其父者，無有乎？曰：未之有也。周子晉之諫靈王也，曰：無底於戺，敗然而已，細猶之無諫也，則是子未有正諫者

[一] 之，康熙本、四庫本皆作「膳」。

也。然則曾子鋤瓜而傷其根，是亦譎諫與？曰：是譎諫也。倚門之歌是爲捐本，捐本傷根，其實不延。以曾晳之達也，而不可以諷或非其事也，不然則過在曾子。子言之「君子弛其親之過而敬其美」（禮記坊記），曾晳之美足以蔽過矣，而曾子猶歉然喻親之未能，故諫者，孝子所不諱也。

右經第十五章

大傳第十五

子曰：「事父母幾諫。見志不從，又敬不違，勞而不怨。」（論語裏仁）

冢子可以諫乎？冢子而諫，不如少子之信也，然難乎其爲子，則亦難乎其爲弟矣。幾，微也，微諫則猶之乎未諫也。微諫之可以諫者，何也？曰：愛也，敬也。致敬而誠，致愛而勤，因性而救志，則亦可以正志矣，然且不如未諫之信也與？夫未諫之順也。傳曰：「父母有過，下氣怡色柔聲以諫。諫若不入，起敬起孝，說則復諫。與其得罪於鄉黨州閭，寧熟[一]諫父母。父母怒，不說，撻之流血，不敢疾怨，起敬起孝。」（禮記內則）夫以得罪於鄉黨州閭爲大於天下者乎？何志之篤也！

〔一〕熟，康熙本同，四庫本作「孰」。按禮記爲「孰」。

記曰：「爲人臣之禮，不顯諫，三諫而不聽，則逃之。子之事親也，三諫不聽，則號泣而隨之。」（禮記曲禮下）

是禮也，何其反也？人臣而不顯諫，則是臣而用子之幾也。人子而至於號泣，則是子而用臣之顯也。臣而用子之幾則隱，子而用臣之顯則亂矣。然且用之，何也？則亦各視其主也。又視其事，夫其主事而不可以顯諫，則臣子共隱，未爲過也。

曾子曰：「君子之孝也，忠愛以敬，反是亂也。盡力而有禮，莊敬而安之。微諫而不倦，聽從而不怠，懽欣忠信，咎故不生，可謂孝矣。盡力無禮，則小人也；致敬而不忠，則不入也。是故禮以將其力，敬以入其忠，飲食移味，居處温愉，著心於此，濟其志也。」（大戴禮記曾子立孝）

飲食居處，孝子之所著濟也。不著其物，不濟其志，譬祈〔一〕甘雨者，舍其汙暴，則亦無以得甘雨矣。人臣之諫其君，必其職業，治官守理，盜賊不生，瑕釁〔二〕不作。又值其閒暇，意和氣柔而後申説之，無不濟者。故濟志著心之有其具也，非夫言説之謂也。詩曰：「既醉既飽，小大稽首。神嗜飲食，使君壽考。」（詩經小雅

〔一〕祈，原作「祁」，從康熙本、四庫本改。
〔二〕釁，原作「璺」，從康熙本、四庫本改。

楚次）

曾子曰：「君子之孝也，以正致諫；士之孝也，以德從命；庶人之孝也，以力惡食。」（大戴禮記曾子本孝）

以正致諫，惡在其幾諫也。曰：以理則正，以辭則幾，夫猶之幾諫也，而謂之正諫者，示諫之爲正也。夫以不諫爲正，則君無復正臣，父無復正子矣。君無復正臣，父無復正子，則是君可以殺其臣，父可以殺其子也。君臣、父子相尋於殺，則其犯亂不自諫始也。故以諫爲近於犯亂者，曾子之初教也；以諫爲正教者，曾子之自救也。曾子之自救，不如其初教之順也。然則君子之道異於士乎？曰：以爲子，則何異之有？危哉！其以君子爲異於士者也。詩曰「母俾正反。王欲玉女，是用大諫」（詩經大雅民勞），蓋臣之道也。

曾子曰：「父母愛之，嘉[一]而不忘；父母惡之，懼而無怨；父母有過，諫而不逆。父母既殁，必求仁者之粟而祀之，此之謂禮終。」（大戴禮記曾子大孝）

諫而不逆則猶之不敢正諫也，父之與君，則必有間矣。而猶且紆迴者，惡其直，遂之無以明愛也，且無以明敬。敬者，道之近文者也。然則中田號泣之爲不文乎？曰：號泣，不可以隨而隨之，中田則亦近於文也，然則無田不祭。孝子親殁，亦可以仕乎？曰：仕而得仁人之粟，則仕仕；而不可得仁人之粟，則亦不仕也。

〔一〕嘉，康熙本同，四庫本作「喜」。按大戴禮記同四庫本。

詩曰「好是稼穡，力民代食。稼穡維寶，代食維好」（詩經大雅桑柔），是子路、曾子之所共歎也。

單居離問於曾子曰：「事父母有道乎？」曾子曰：「有，愛而敬。父母之行若中道則從，若不中道則諫，諫而不用，行之如由己。從而不諫，非孝也；諫而不從，亦非孝也。孝子之諫，達善而不敢爭辨。爭辨者，作亂之所由興也。由己爲無咎則寧，由己爲賢人則亂。孝子無私樂，孝子無私憂，父母所憂憂之，父母所樂樂之。孝子惟巧變，故父母安之。若夫坐如尸，立如齋，弗訊不言，言必齋色，此成人之善者也，未得爲人子之道也。」（大戴禮記曾子事父母）

有子曰：「其爲人也孝弟，而好犯上者，鮮矣；不好犯上而好作亂者，未之有也。」（論語學而）諫則近於犯上，諫而争辨則近於作亂，臣子而爲賢人，所以敗亡乎。故與其爲賢人，不如其爲孝子弟弟也，是聖賢之隱情也。然則巧變者，何也？巧變者，嬰孩之所貴也。嬰孩之所貴，父母亦貴之。父母之憂樂與嬰孩比也。因諫達善，反於嬰孩之爲孝術。

單居離問曰：「事兄有道乎？」曾子曰：「有，尊事之以爲己望也，兄事之不遺其言。兄之行若中道，則兄事之；兄之行若不中道，則養之。養之內，不養於外，則越也；養之外，不養於內，則疏之也。是故君子内外養之也。」（大戴禮記曾子事父母）

孟子曰：「中也養不中，才也養不才。故人樂有賢父兄也。」（孟子離婁下）養者，父兄之道而使弟行之，何也？曰：養者，犬馬之能，則猶是犬馬自與也？犬馬之報主也，見其親則親之，呴沫相就，若奉焉耳。然則弟無諫其兄者乎？曰：無之。怡怡之言，則猶比於無諫也。

單居離問曰：「使弟有道乎？」曾子曰：「有，嘉事不失時也。弟之行若中道，則正以使之；弟之行若不中道，則兄事之。絀事兄之道若不可，然後舍之矣。」（大戴禮記曾子事父母）

不諫而兄事之，可謂禮乎？曰：禮也。敬先人之胞體，以使其自反也。使其不自反，則遠於先人之志。遠於先人之志，則遠於先人之體矣。然則兄弟之不強諫，何也？曰：兄弟猶有父母之意焉。父母之恩通於兄弟，君臣之義通於朋友。

右傳八則

感應章第十六

子曰：「昔者明王事父孝，故事天明；事母孝，故事地察。長幼順，故上下治。（舊本下有『天地明察，神明彰矣』二句，今移下文。）故雖天子，必有尊也，言有父也；必有先也，言有兄也。宗廟致敬，不忘親也。修身慎行，恐辱先也。天地明察，神明彰矣。宗廟致敬，鬼神著矣。」（舊本「天地明察」二句在「長幼順，故上下治」之下，文義不相蒙，今移於此。）

凡爲明王，父天母地，宗功祖德，因郊祀以致敬於祖禰，因禘嘗以致愛於邦族，因祖禰以敬人之父老，因邦族以愛人之子弟，因天下之父老子弟以自愛敬其身。身者，天地鬼神之知能也。天地鬼神有天子之身，以效其知能，而後禮樂有以作，位育有以致。孟子曰：「人之所不慮而知者，其良知也。所不學而能者，其良能也。」（孟子盡心上）天地鬼神託於天子，以効其知能，雖不學慮而所學慮者固已多矣。

「孝悌之至，通於神明，光於四海，無所不通。」

郊祀、明堂、吉禘、饗廟，因而及於山川、壇壝、田祖、后稷、丘陵、墳衍、宗工先臣之有功德於民者，以及於百蜡、厲儺之祭，皆以致慤之義通之，則亦無所不通矣。釋奠於學，誓於澤宮，乞言，合語，養老，養幼，飲酒於鄉，選士於射，惠鮮小民及於鰥寡，皆以致愛之義通之，則亦無所不通矣。慤與愛，兼致也。不敢惡慢，則皆有神明之道焉。爲天子而以神明待天下，天下亦以神明奉天子。傳曰：「天之所覆，地之所載。日月所照，霜露所隊。凡有血氣者莫不尊親，故曰配天。」（禮記中庸）故孝經者，周公之志也。

「詩云：『自西自東，自南自北，無思不服。』」

其無不服者，何也？敬也，天地神明之治也。尊在而尊，長在而長，親在而親，無它，達之天下也。日月之相迎，星辰之相次，風雷山澤之相命，無不由此者。曾子曰：「仁者，仁此者也；義者，宜此者也；忠者，中此者也；信者，信此者也；禮者，體此者也；行者，行此者也；疆者，疆此者也。樂自順此生，刑自反此作。夫孝者，天地之大經也。置之而塞於天地，衡之而衡於四海，施諸後世而無朝夕，推而放諸東海而準，推而放諸西海而準，推而放諸南海而準，推而放諸北海而準。詩云『自西自東，自南自北，無思不服』，是之謂也。」（禮記祭義）

右經十六章

大傳第十六

凡三王教世子，必以禮樂。樂所以修内也，禮所以修外也。禮樂交錯於中，發形於外，是故其成也懌，恭敬而溫文。立太傅、少傅以養之，欲其知父子、君臣之道也。太傅審父子君臣之道以示之，少傅奉世子以觀太傅之德行而審喻之。太傅在前，少傅在後，入則有保，出則有師，是以德喻而教成也。師也者，教之以事而喻諸德者也。保也者，愼其身以輔翼之歸於道者也。（禮記文王世子）

明王之事天地，則自其事父母始也。其敬長尊老，不敢惡慢於天下，則猶自父兄而推也。以天子之尊而必有其父兄，故立爲保傅以教之。保傅之不足，而又爲養老齒胄以示之。示之不足，而又爲侯以射之，言夫强猛不服不知父兄君長之義者之可以發的也。天子不敢忘父母，則不敢易天地，不敢忘親則不敢辱先，不敢辱先則不敢不敬其身矣。賈生曰：「天子不諭於先聖王之德，不知君國畜民之道，不見義禮之正，不察應事之理，不博古之典傳，不閑於威儀之數，詩書禮樂之無經，學業之不法，凡此其屬太師之任也，古者齊太公職之。天子不姍於親戚，不惠於庶民，無禮於大臣，不忠於刑獄，無經於百官，不哀於喪，不敬於祭，不戒於戎事，不信於諸侯，不誠於賞罰，不厚於德，不彊於行，賜予侈於左右，悋惜疏於卑遠，不能懲忿窒欲，大行大德大義大道不從太師之教，凡此其屬太傅之任也，古者魯周公職之。天子處位不端，受業不敬，教誨諷誦詩書禮樂之不經不法不古，言語不序，音聲不中律，趨讓進退不以禮，升降揖讓無容，視瞻俯仰無節，妄咳唾數顧趨行不德，色不比順，隱琴肆瑟，凡此其屬，太保之任也，古者燕召公職之。天子燕辟廢其學，左右之習詭其師，答遠方諸侯、遇貴大人不知文雅之辭，答左右近臣不知己諾之適，簡聞小誦之不博不習，凡此其屬少師之任也，古者史佚職之。天子居處出入不以禮，衣服冠帶不以法，御器在側不以度，雜綵從美不以章，忿怒說喜不以義，賦與嘸讓不以節，小行小禮小義小道，凡此其屬少傅之任也。天子居處燕私安所易，樂而湛，夜漏屏人而數，飲酒而醉，食肉而飽，飽而強，飢而惏，暑而暍，寒而嗽，寢而莫宥，坐而莫侍，行而莫先莫後，常自爲開户，自取玩好，自執器皿，函顧還面，而御器之不舉不臧，拆毀喪傷，凡此其屬少保之任也。干戚戈羽之舞，管籥琴瑟之會，號呼謌謠聲音不中律，燕樂雅頌不中序，凡此其屬詔工之任也。不知日月之不時節，不知先王之諱與國之大忌，不知風雨雷電之眚，凡此其屬太史之任也。」（新書卷五傅職）凡此八任者，皆未及於孝弟也，然以修身慎行，不至辱先，則亦庶矣。故爲天子之道則必自世子始也。記曰：「知爲人子，然後可以爲人父；知爲人臣，然後可以爲人君；知事人，然後能使人」。（禮記文王世子）故教天子以孝弟者，必自教世子始也，教世子則其所教天子者亦如此矣。詩曰：「佛時仔肩，示我顯德行。」（詩經周頌敬之）

先王之所以治天下者五：貴有德，貴貴，貴老，敬長，慈幼，此五者，先王之所以定天下也。貴有德何爲也？爲其近於道也。貴貴，爲其近於君也。貴老，爲其近其[二]親也。敬長，爲其近其[三]兄也。慈幼，爲其近於子也。是故至孝近乎王，至弟近乎霸。至孝近乎王，雖天子必有父；至弟近乎霸，雖諸侯必有兄。先王之教，因而不改，所以領天下國家也。（禮記祭義）

凡是五者則皆備於太學矣。燕享、朝聘、鄉飲酒、耕藉、蒐狩，則皆從太學來者也。太學而外，道莫備於宗廟，莫嚴於朝廷。朝廷尊尊，宗廟親親，尊尊親親，則猶是一家之治也。其使天下各尊其尊，各親其親，則非復一家之治也。故貴有德、貴貴、貴老、敬長、慈幼，其道公於天下，各舉其所近，因性而不改，是先王之所謂至要也。

周公踐阼。庶子之正於公族者，教之以孝弟、睦友、子愛，明父子之義、長幼之序。其朝于公，内朝則東面北上，貴者以齒。其在外朝，則以官，司士爲之。其在宗廟之中，則如外朝之位，宗人授事，以爵以官，其登餕、獻、受爵，則以上嗣。庶子治

〔二〕其，康熙本、四庫本皆作「於」。按禮記爲「於」。
〔三〕其，康熙本、四庫本皆作「於」。按禮記爲「於」。

之，雖有三命，不踰父兄。其公大事，則以喪服之精麤爲序，雖公族之喪亦如之，以次主人。若公與族燕，則異姓爲賓，膳宰爲主人，公與父兄齒。族食，世降一等。其在軍，則守於公禰。公若有出疆之政，庶子以公族之無事者守於公宫：正室守太廟，諸父守貴宫、貴室，諸子諸孫守下宫、下室。五廟之孫，祖廟未毁，雖爲庶人，冠、娶必告，死必赴，練、祥則告。〔一〕賵、賻、承、含，皆有正焉。公族無宫刑。大辟讞於公，公三宥之，有司三致辟。三宥，不對，走出，致刑於甸人。公使人追之，有司對以「無及」反命。公素服，不舉，爲之變，哭于異姓之廟。（禮記文王世子）

「公族朝於内朝，内親也。雖有貴者以齒，明父子也。外朝以官，體異姓也。宗廟之中，以爵爲位，崇德也。宗人授事以官，尊賢也。登餕、受爵以上嗣，尊祖之道也。喪紀以服之輕重爲序，不奪人親也。公與族燕則以齒，而孝弟之道達矣。其族食，世降一等，親親之殺也。戰則守於公禰，孝愛之深也。正室守太廟，尊宗室，而君臣之道著矣。諸父諸兄守貴室，子弟守下室，而讓道達矣。五廟之孫，祖廟未毁，雖及庶人，冠、娶必告，死必赴，不忘親也。親未絶而列於庶人，賤無能也。敬弔、臨、賵、賻，睦友之道也。古者庶子之官治

〔一〕「告」字後，四庫本多「族之相爲也，宜弔不弔，宜免不免，有司罰之。至於」一句。按禮記文王世子有此句。

而邦國有倫，邦國有倫而衆嚮方矣。公族之罪，雖親，不以犯有司，正術也，所以體百姓也。刑于隱者，不與國人慮兄弟也。弗弔，弗爲服，哭於異姓之廟，爲忝祖遠之也。素服居外，不聽樂，私喪之也，骨肉之親無絶也。公族無宫刑，不翦其類也。」（禮記文王世子）是周道也。三代不相襲禮，親親、貴貴、賢賢，相循環也，而要於有父有兄，興仁興讓，則未有著於太學者也。太學之不釋奠於先老，不齒冑於國，子不禮三老五更，不合養老幼而可以廣孝弟，未之有也。故文王世子之學，聖人之明察所由始也。

天道至教，聖人至德。廟堂之上，罍尊在阼，犧尊在西。廟堂之下，縣鼓在西，應鼓在東。君在阼，夫人在房。大明生於東，月生於西。此陰陽之分，夫婦之位也。君西酌犧象，夫人東酌罍尊，禮交動乎上，樂交應乎下，和之至也。（禮記禮器）

天地者父母之象，日月者夫婦之象也，以日月著天地，以夫婦存父母。以夫婦父母章於日月天地，此神明之道，聖王未之有易也。禮樂交動，東西互答，以敬明愛，以報其祖禰則祖禰之心安，以告於神祇則神祇之情適。然則天地之不分祀，后夫人之不與郊祭，何也？曰：高禖之祭，則黄帝之四妃與焉；大明之奏，則摯莘之二女從焉。高禖近於天地，大明近於日月，古人之禮，則必有取之也。記曰：「天子親耕於南郊以共齊盛，王后親蠶於北郊以共純服，諸侯耕於東郊以共粢盛，夫人蠶於北郊以共冕服。天子、諸侯非莫耕也，王后、夫人非莫蠶也。身致其誠信，誠信之謂盡，盡之謂敬，敬盡然後可以事神明。」（禮記祭統）此所以通於神明之義也。然則天地不分祀而君、后分耕蠶，何也？曰：祀可合也，耕蠶不可合也。然則分祀非禮與？曰：何爲其非禮也？共[一]致者，親；分致者，尊。親不如尊之慤也。頌曰「時邁其邦，昊天其子之致」（詩經周頌時邁），尊之謂也；「既右烈考，亦右文母」（詩經周頌雝），致親之謂也。致親於廟，致尊於郊。致親於内朝，致尊於外朝，三代百王各以義起也。

太廟之内敬矣！君親牽牲，大夫贊幣而從；君親制祭，夫人薦盎；君親割牲，夫人薦酒。卿大夫從君，命婦從夫人。洞洞乎其敬也，屬屬乎其忠也，勿勿乎其欲其饗之也。納牲詔於庭，血、毛詔於室，羹定詔於堂，三詔皆不同位，蓋道求而未之得也。設祭於堂，爲祊乎外，故曰：「於彼乎？於此乎？」一獻質，三獻文，五獻察，七獻神。大饗，其王事與！（禮記禮器）

天地之明察，其在於大饗與！而猶曰大饗之禮不足以大旅，大旅之禮不足以饗帝，何也？大饗之禮，夫婦所得以共盡也；饗帝之禮，夫婦所不得而共盡也。萃萬國之懽心以事其親，又推其從出之祖以配上帝。不合天下之賢親老幼起敬起愛，則不足以教美報也。故曰：「萬物本乎天，人本乎祖。」（禮記郊特牲）取財於地，取

[一] 共，康熙本同，四庫本作「合」。

法於天，是以尊天而親地，教民美報，聖王之至要也。

凡祭有四時：春祭曰礿，夏祭曰禘，秋祭曰嘗，冬祭曰烝。礿、禘，陽義也；嘗、烝，陰義也。禘者，陽之盛也；嘗者，陰之盛也。故曰：「莫重於禘、嘗。」古者於禘也，發爵賜服，順陽義也；於嘗也，出田邑，發秋政，順陰義也。故記曰：「嘗之日，發公室，示賞也。」草艾則墨，未發秋政，則民弗敢草也。故曰：「禘嘗之義大矣。」（禮記祭統）

未發秋政，民弗敢草，夫猶是殺草木不時，非孝之意乎！春視賞而秋視罰，不賞則亦不罰也。先賞而後罰，夏〔一〕道也。賞人於廟，罰人於社。社者，秋之告成者也。草木霜露，順其陰陽；慶賞刑威，中於理義。故神明之意得，而四海之心服也。然則治天下之要在於賞罰也，聖人不以賞罰爲義，而以孝弟爲義者，何也？曰：以孝弟爲義，其意不在於名法，孝弟明而名法出矣；以名法爲義，其意不在於孝弟，賞罰明而孝弟衰矣。故曰「言思可道，行思可樂。不肅而成，不嚴而治」（孝經），其本出於此也。

先王之薦，可食也，而不可耆也。卷冕、路車，可陳也，而不可好也。武，壯而不可

〔一〕夏，原作「周」，從康熙本、四庫本改。按禮記表記載：「夏道尊命，事鬼敬神而遠之，近人而忠焉，先祿而後威，先賞而後罰，親而不尊。殷人尊神，率民以事神，先鬼而後禮，先罰而後賞，尊而不親。周人尊禮尚施，事鬼敬神而遠之，近人而忠焉，其賞罰用爵列，親而不尊。」

樂也。宗廟之威，而不可安也。宗廟之器，可用也，而不可便其利也。所以交於神明者，不可同於安樂之義也。酒醴之美，玄酒[二]明水之尚，貴五味之本也。黼黻、文繡之美，疏布之尚，反女功之始也。莞簟之安，而蒲越、稾鞂之尚，明之也。大羹不和，貴其質也。大圭不琢，美其質也。丹漆雕幾之美，素車之乘，尊其樸也。貴質而已矣。所以交於神明者，不可同於安褻之義也。（禮記郊特牲）

神明之道始於太素，父母之道始於太質，天地之道始於太樸，此三始者，孝弟之本義也，有其質而後文生焉。天子之始存於世子，世子之始存於孩提，故以三命加於父兄，爲天子而絀親長，非禮也。然則爲天子則絶齊期之喪，何也？曰：未之絶也，其意猶有存焉，去文而已。孝經之意在於反質，反質追本，不忘其初。春秋之嚴，孝經之質，皆遡朔於天地，明本於父母，所以致其素樸，交於神明之道也。

天下無生而貴者也。繼世以立諸侯，象賢也。以官爵人，德之殺也。死而謚，今也。古者生無爵，死無謚。禮之所尊，尊其義也。失其義，陳其數，祝史之事也。故其數可陳也，其義難知也。知其義而敬守之，天子之所以治天下也。（禮記郊特牲）

[二]「玄酒」，底本原無，康熙本避諱作「元酒」，據禮記郊特牲，從四庫本改。

天下無生而貴，故以天子而尊父兄，天地之序也。天下無惡慢人，而不惡慢於人，故以天子而恐辱先，是聖賢之功〔一〕守也。以天子而猶恐辱先，則天下之恐辱先者多矣。桀、紂之爵，見薄於匹夫；幽、厲之謚，見訾於臣子。故爵謚者，古人所不貴也。然且周公身爲之，周公以爲迂其身以善其君，故反古而不疑也。然則孝經稱爵而不稱謚，春秋稱謚與爵，文質互用與？曰：堯、舜、禹、湯，皆謚也。禮有其義，有其數。數者，祝史之事也。春秋得其義，孝經得其志，得其志而敬守之，雖萬世一姓可也。

子曰：「武王、周公，其達孝矣乎！夫孝者，善繼人之志，善述人之事者也。春秋修其祖廟，陳其宗器，設其裳衣，薦其時食。宗廟之禮，所以序昭穆也；序爵，所以辯貴賤也；序事，所以辯賢也；旅酬下爲上，所以逮賤也；燕毛，所以序齒也。踐其位，行其禮，奏其樂，敬其所尊，愛其所親，事死如事生，事亡如事存，孝之至也。郊社之禮，所以事上帝也。宗廟之禮，所以祀乎其先也。明乎郊社之禮、禘嘗之義，治國其如示諸掌乎！」（禮記中庸）

孝弟之至通乎神明，光乎四海，其武王、周公之謂也。通神明、光四海而後謂之達，故達孝之難也。以其

〔一〕功，康熙本同，四庫本作「敬」。

本性立教，達於天下，則盡人而能之。記曰：「祭有十倫：見事鬼神之道焉，見君臣之義焉，見父子之倫焉，見貴賤之等焉，見親疏之數焉，見爵賞之施焉，見夫婦之別焉，見政事之均焉，見長幼之序焉，見上下之際焉。」（禮記祭統）鋪筵，設几，祝於室，出于祊，以交神明。君迎牲而不迎尸，以明君臣之義。尸爲子行，父北面事之，以明子父之道。尸飲五，君洗玉爵獻卿；尸飲七，以瑶爵獻大夫；尸飲九，以散爵獻士，以明尊卑之等。群昭群穆，不失其倫，以明親疏之數。賜爵祿必於太廟，一獻之後，降阼，命書，以明爵賞之施。君立阼，夫人立東房，夫婦授受不相襲處，以明夫婦之別。爲俎貴骨，分惠以差，貴前賤後，以明政事之均。賜爵皆分昭穆，有司以齒，以明長幼之序。輝、胞、翟、閽，咸有畀與，以明上下之際。此十者，君子之所謂備也。禮貴、備貴、時貴、順貴，稱羔豚而祭百官，皆足大牢。而祭不必有餘，禮之所謂稱也。稱，生於孝弟，行於仁讓，而不在於爵位也。禮：天子犆礿、祫禘、祫嘗、祫烝。諸侯礿則不禘，禘則不嘗，嘗則不烝，烝則不礿。諸侯礿犆，禘一犆一祫，嘗祫，烝祫，諸侯之不敢備禮，爲有事於天子，且致敬讓之意也。然則禮不王不禘，何也？曰：謂大祫也。五年大祫，禘其祖所自出而以其祖配之，則諸遷主皆在焉。然則姬姓諸侯皆祖后稷，后稷其所自出也，而獨周公用之，何也？曰：周公得用天子之禮樂。周公之用天子之禮樂，武王之志、文王之事也。然則成王賜之，伯禽受之，皆是與？曰：何爲其不是也？夏、殷亡國之後也，而猶各用其禮樂。誼不可以興王，而黜前王之秩也。周公身致王治，創制禮樂，故兼用殷禮，參酌四代，以匹於二王之恪，何過之有？且是成王之賜也。成王六歲而治天下，以議禮制度始於其身，非有所拂亂於先王之務也。詩曰：

「維清緝熙，文王之典。肇禋，迄用有成。」（詩經周頌維清）然則仲尼不欲觀禘而歎周公其衰，何也？曰：仲尼之歎，蓋歎魯也。政出私門而雍歌下堂，魯室既衰而周公不康。然則仲尼以禘與周公與？曰：與周公也。何與之？曰：以舜而知其與之也。與之何義也？曰：大德者必得其位，必得其祿，必得其名，必得其壽，是其義也。然則魯九卜郊而仲尼皆非之，何也？曰：周公之衰，自桓公而後也。桓公而後，則其取僖公，何也？曰：詩之於春秋，猶母之於父也，父嚴而母慈，父尊而母親，僖公之四卜，託詩於慈親。然則周公見嚴於春秋與？曰：春秋之嚴，周公之志也，黿、蓍、牛、鼠，峻於神明。

右傳九則

事君章第十七

子曰："君子之事上也，進思盡忠，退思補過，將順其美，匡救其惡，故上下能相親也。"

忠順不失，以事其上，是士君子之孝也。士君子既以忠順自著，則亦恂恂粥粥，使上下稱，恭謹足矣。而又曰盡忠補過，將順匡救，何也？曰：惡夫愛其君之不若愛其父，敬其君之不若敬其父者也。生我者莫如父，愛我者莫若父，其父有過而猶且諫之，諫之不聽，而號泣以隨之；至於君，則曰非獨吾君也，是愛敬其君不若其父之至也。且以父爲得罪於州里鄉黨，不憚勞身以成父之名；至於君而獨不然者，寧使君取咎於天下萬世，不欲當吾身失其祿位，則是以身之祿位重於君之社稷也。孟子曰："小弁之怨，親親也。親親，仁也。親之過小而怨，是不可磯也；親之過大而不怨，是愈疏也。不可磯，不孝也；愈疏，亦不孝也。"（孟子告子下）夫以怨而猶謂之孝，以盡忠匡救而謂之不忠，則君臣上下亦泮乎如道路人而已。詩曰"不屬于毛，不離于裏"（詩經小雅小弁），言夫上下之不相親也。不相親而親之，莫如以忠與上，以過自與，以美救惡，以惡匡美，是仲尼所以取諷也。

「詩云：『心乎愛矣，遐不謂矣，中心藏之，何日忘之。』」

愛，資母者也；敬，資父者也。敬則不敢諫，愛則不敢不諫，愛敬相摩而忠言迸出矣。故爲子而忘其親，爲臣而忘其君，臣子之大戒也。然則忠孝之義並與？曰：何爲其然也？忠者，孝之推也。忠之於天地，猶疾雷之致風雨也。孝者，天地之經義也，物之所以生，物之所以成也。以孝事君則忠，以孝事長則順，以孝事友則信，以孝事鬼神則格，以孝事天地則禮樂和平，氒患不生，災害不作。故孝之於經義莫得而並也。孟子曰：「人少，則慕父母；知好色，則慕少艾；仕則慕君，不得於君則熱中。」（孟子萬章上）故忠者，孝中之務〔一〕也，以孝作忠，其忠不窮。詩曰「王事孔棘，不能蓺黍稷，父母何食」（詩經唐風鴇羽），言夫孝之窮於忠者也。

右經十七章

大傳第十七

子言之：「事君先資其言，拜自獻其身，以成其信。是故君有責於其臣，臣有死於其

〔一〕 孝中之務，底本、康熙本皆作「孝之中務」，據四庫本改。

言。故其受祿不誣，其受罪益寡。」（禮記表記）

行先而言從，居身之道也；言先而行從，致身之道也。記曰：「君子先行，小人先言。」（禮記坊記）先資其言，自獻其身，孝子而亦爲之乎？孝子不爲之，則無以得於君而報其親；孝子亦爲之，則有以殺其身而死其言。然則孝子奚擇乎？晏平仲曰「君有不量於臣，臣不可不量於君。故君擇臣而使，臣擇君而事」（大戴禮記衛將軍文子），是孝子之本義也。

子曰：「事君，大言入則望大利，小言入則望小利。故君子不以小言受大祿，不以大言受小祿。易曰：『不家食，吉。』」（禮記表記）

君子終日言不及利：親在，不言畜產；朝語，不及狗馬；與君子處，不言祿位；與小人語，不及報施。而曰望利受祿，何也？曰：利者，易之所不禁也。易之「多識前言往行」，亦有所利之也；「利涉川」，以爲舟楫也，不然則利祿之行，孝子所不舉也。

子曰：「事君不下達，不尚辭。非其人弗自。小雅曰：『靖共爾位，正直是與。神之聽之，式穀以女。』」（禮記表記）

下達則靡也，尚辭則費也。自非其人則是以親之，身爲市也。閔子之辭汶上也，可謂正直矣，而猶且有辭焉。不惡而嚴，故以無匡救。爲匡救者，閔子之於費是也。

子曰：「事君遠而諫則讇也，近而不諫則尸利也。」子曰：「邇臣守和，宰正百官，大臣慮四方。」（禮記表記）

邇臣守和，則可以不諫矣。不諫而謂之尸利，何也？和者，鹽梅之務也。水水之相濟，琴瑟之專一，君子之所不御也。慮而後正，正而後和，守和則守正，守正則長慮，守正長慮而不諫者未之有也。書曰：「告君乃猷裕，我不以後人迷。」（尚書君奭）夫非正諫而言此者乎？

子曰：「事君欲諫不欲陳。詩云：『心乎愛矣，遐不謂矣。中心藏之，何日忘之。』」（禮記表記）

諫則微者也，陳則不微也。諫出於人所不見，陳則與衆見之。故匡救之敬，不如將順之愛也。汲黯大慮，以直陳而見疏；石建小慮，以屏人而得主。故將順之與匡救共慮也。詩曰：「哀哉不能言。匪舌是出，維躬是瘁。哿矣能言，巧言如流，俾躬處休。」（詩經小雅雨無正）

子曰：「事君難進而易退，則位有序；易進而難退，則亂也。」又曰：「事君三違而不出竟，則利祿也。人雖曰不要，吾不信也。」（禮記表記）

易進難退，亦有大言大利之望者乎！大入而望大利，大言而受大祿，夫皆以是要君者也，其達不以情，其自不以人，其辭不以倫。賄賂是行，奸宄是因，功利是稱，此三者皆所以要君也。以是三者要君，故以聖人之法、孝子仁人之言皆不足稱也，是天下之所由亂也。故知易進難退之可以長亂者，則亦知所以遠亂矣。子曰：「君子三揖而進，一辭〔二〕而退。以遠亂也。」（禮記表記）其所以遠亂者，何也？不與利祿之人共其功名也。

子曰：「事君慎始而思〔三〕終。」（禮記表記）

孝有終始，則忠亦有終始；孝無終始，則忠亦無終始矣。慎始敬終皆爲身也，爲身則亦爲親，爲親則亦爲君矣。夫以揚君之過爲足以顯親之名者乎？苟進而亂終，借親以要君，保其利祿，以自爲不敗者，是亦君子之所鄙也。

子曰：「事君可貴可賤，可富可貧，可生可殺，而不可使爲亂。」（禮記表記）

父母之養其子，貧賤生死有不能免也，而以爲亂人之父，亂人之子，則負販不爲。夫以易進難退之心，居將順不違之位，其於利祿猶盜之也。而又盜仁孝之言以營其身，則可使爲亂，必不可使貧賤也。詩曰：「君子信盜，亂是用暴。盜言孔甘，亂是用餤。」（詩經小雅巧言）

子曰：「事君，軍旅不辟難，朝廷不辭賤。處其位而不履其事，則亂也。故君使其臣，得志則慎慮而從之，否則孰慮而從之，終事而退，臣之厚也。易曰：『不事王侯，高

〔二〕辭，底本、康熙本皆作「揖」，據禮記表記，從四庫本改。
〔三〕思，康熙本同，四庫本作「敬」。按禮記表記爲「敬」。

尚其事。』」（禮記表記）

慎慮，所以履事也；孰慮，所以終事也。慎慮則多忠，孰慮則寡過。夫當不得志之時，其所孰慮者無他，亦曰不履事則已矣。不履事而猶可以終事，是蠱之謙者也。蠱壞而成，謙卑而光，是仁人孝子不得志者之事也，聖人之所隱也。

子曰：「惟天子受命於天，士受命於君。故君命順，則有順命；君命逆，則有逆命。」（禮記表記）

異哉！不似夫子之言也。始仕之無所逆命也，猶草木之於風雨也，以謂均受之於天。君有所不受於天，則臣有所不受於君，然不若思補匡救之正也，夫是大臣之道也，仲山甫、芮良夫之任也。晏子曰：「有道順君，無道橫命。」（大戴禮記衛將軍文子）爲士而橫命，猶孺子之寤其母也，取憎於母而已。詩曰：「維彼哲人，告之話言，順德之行。」（詩經大雅抑）

子云：「善則稱君，過則稱己，則民作忠。君陳曰：『爾有嘉謀嘉猷，入告爾后于內，女乃順之于外，曰：「此謀此猷，惟我后之德。」於乎！是惟良顯哉！』」（禮記坊記）

過則稱己，可謂補過者矣。爲大臣不慮四方，使過成於上而善没於下，猶月之食日也。月實作過日，則何過之有？記曰：「五味和而公食之，五組綴而公衣之。嘉謀嘉猷，非我后之德，而誰乎？」故以引過歸德爲臣子之文者，則又過也。詩曰：「維仲山甫補之，維仲山甫舉之。」（詩經大雅烝民）吉甫稱之不以爲罪，宣王聞之不以爲過，是則盛世之事也，無它，親也。

又言之：「善則稱親，過則稱己，則民作孝。太誓曰：『予克紂，非予武，惟朕文考無罪。紂克予，非朕文考有罪，惟予小子無良。』」（禮記坊記）是皆質言之，非文也。晨夕以侍其親，言色不離而以爲親過者，孰安之乎？故將順匡救之言皆爲中主發也。人主莫不上聖自爲，而臣以中主事之，必曰「而之事我，何不若文王之事王季，太顛、閎夭之事文王也」，則敗矣；又不曰「禹之事舜也，曰『無若丹朱傲，惟慢游是好，傲虐是作。罔晝夜頟頟，罔水行舟』」（尚書虞書益稷），則以爲禹罪者乎，則疏者乎！

曾子曰：「君子雖言不受必忠，曰道；雖行不受必忠，曰仁；雖諫不受必忠，曰智。天下無道，循道而行，衡塗而僨，手足不揜，四支不被〔二〕。説者申慇勤耳。詩云：『行有死人，尚或墐之。』此則非士之罪也，有士者之羞也。」（大戴禮記曾子制言）

孝子之言何其厲也？曰道，曰仁，曰智。夫自以爲無過乎？自以爲無過，則自以爲無罪，是非孝子之道

〔二〕「被」字後，康熙本、四庫本皆有「手足節四支」五字。按大戴禮記曾子制言有此句，此句當爲注文，其中「節」爲「即」訛字。

也。微子、比干、箕子，自以爲無罪乎？書曰「今爾無指告予，顛隮，若之何其」（尚書微子），是亦三仁之罪也。孝子之進必有和氣，退必有巽色。雖中道死，不非其上，不以罪自說，是孝子之行也。然則曾子未與於此乎？曰：曾子毅，其立辭也嚴。

曾子曰：「天下有道，則君子訢然以交同；天下無道，則衡言不革。諸侯不聽，則不干其土；聽而不賢，則不踐其朝。是以君子不犯禁而入人境，及郊，問禁請命，不通患而出危色，則秉德之士不讇矣。」（大戴禮記曾子制言）

及郊請命，不犯禁而入境，是猶有將順之心也。不通患而出危色，是猶有匡救之意也。不聽不行，不踐其朝，是不已踈乎？上親其下，下不敢親其上。上親其下，則義也；下親其上，則讇也。然則上下相親，何也？曰：訢然交同，有道之世也；溫文玄感，聖人之治也。以聖人事君，則世無不親之君；以聖人使臣，則世無不親之臣。曾子或未之逮也。

曾子曰：「君子不讇富貴，以爲己說；不乘貧賤，以居己尊。凡行不義，則吾不事；不仁，則吾不長。相奉仁義，則吾與之聚群嚮爾；寇盜，則吾與慮。國有道則突若入焉，國無道則突若出焉，如此之謂義。『夫有世義者哉？』曰：『仁者殆，恭者不入，慎者不見使，正直者邇於刑，弗違則殆於罪。』是故君子錯在高山之上，深澤之汚，聚橡

粟藜藿而食之，耕稼以老十室之邑。昔者大禹見耕者，五耦而式，過十室之邑則下，爲有秉德之士存也。」（大戴禮記曾子制言）

由曾子之道可以親上乎？甚矣，曾子之戇也！仁義則與聚群嚮，寇盗則吾與慮，是曾子之慈也。不義不事，不仁不長，夫謂諸侯也。天下一君，義如迅雨，則如之何？曰：仁者愛人，有禮者敬人。愛人者，人恒愛之；敬人者，人恒敬之。曾子則必有以處此矣。然則盡忠補過，將順匡救，誰與之乎？曰：桐提〔一〕伯華、將軍文子、祁奚、子産其人也。過是者，其惟文公諸臣乎？狐偃、趙衰、魏犨、胥臣、先軫、郤縠，則皆賢者也，雖然，非文公不親。

右傳十五則

〔一〕桐提，康熙本作「銅鍉」，四庫本作「銅鞮」。

喪親章第十八

子曰：「孝子之喪親也，哭不偯，禮無容，言不文，服美不安，聞樂不樂，食旨不甘，此哀戚之情也。」

子曰：「喪，與其易也，寧戚。」（論語八佾）易則文也，戚則質也。天下之文不能勝質者，獨喪也。聖人以孝教天下，本於人所自致而致之。冬溫而夏凊，昏定而晨省，出必面，反必告。聽無聲，視無形，不登高，不臨深，不苟訾，不苟笑，不服闇，不登危，此非有物力致飾於生也。擗踊，號泣，啜水，枕塊，苴杖，居廬，哀至則哭，升降不由阼階，出入不當門隧，默而不唯，唯而不對，對而不問，此非有物力致飾於死也。凡若是者，性也。性者，教之所自出也，因性立教，而後道德仁義從此出也。夫談道德仁義於孝子之前者，抑末矣。故以喪禮立教，猶萬物之反首於霜雪也，帝王禮樂之所著根也。

「三日而食，教民無以死傷生。毀不滅性，此聖人之政也。喪不過三年，示民有終也。」

性而授之以節，謂之教，教因性也。三日而食粥，三年而終喪，猶三日而瞑，三年而明〔一〕語也。知生謂之理，知終謂之道，知制謂之法。理不可諭，道不可告。因性立教，則賢者可抑而退，不肖者可挽而進也。然則上古有以毀滅性，有以喪踰制者乎？曰：未之有也。未之有而禁之，何也？曰：聖人之教也，以謂世皆孝子也。尊性而明教，欲與世之孝子共準於道。然則是不已文與？曰：其情有餘也，而裁之質，則猶未爲文也。

「爲之棺槨、衣衾而舉之，陳其簠簋而哀慼之，擗踊哭泣，哀以送之。卜其宅兆，而安措之。爲之宗廟，以鬼享之；春秋祭祀，以時思之。」

若是者，皆質也。質者，堯、禹皇王所不能增，辛癸黎庶所不能減也。以六者送死，重隧犆袷不必有餘，懸窆羔豚不必不足，其歸於六物者則已矣。故天子、卿大夫、士、庶人等制不一，而各有以自致。不一者，爲〔二〕之文。自致者，謂之質。文有損益，質無損益，而戎狄〔三〕、釋老必欲起而亂之，卒不能亂者，是先王之教以人性爲之根氐也。

「生事愛敬，死事哀慼，生民之本盡矣，死生之義備矣，孝子之事親終矣。」

〔一〕明，康熙本、四庫本皆作「月」。
〔二〕爲，康熙本、四庫本皆作「謂」。
〔三〕「戎狄」二字，康熙本挖空，四庫本無。

孝子之事親終，則先王之道德亦終矣。先王之道德終者，何也？天地之道，有終有始；鬼神之義，一屈一伸。神明之行始於東方而終於北方，禮樂之情發於憂樂而極於敬愛。慶賞刑威，先王貴之而有所不用也。本生則末生，本盡則末盡。以愛敬而事生，天下之人皆有以事其生；以哀慼而事死，天下之人皆有以事其死。皆有以事其生，則鉶羹、藜嗅等於五鼎；皆有以事其死，則孺泣、號跳[二]齊於七廟。故義者文也，本者質也，本盡則義備，質盡則文至。然且孝子皆有崇祀上配，富有享保之思，則是皆無有盡也。故聖人著其真質，以示其至要。曰：先王之所教順底於無怨者，不過若此而已，使世之王者皆由其道以教民愛敬，感民哀慼，養生送死，各致其質，則天下大治。孟子曰：「養生送死無憾，然而不王者，未之有也。」（孟子梁惠王下）然則性爲生者乎？曰：性與生來，不從生生。不從生生而從滅，滅何也？曰：性不可滅，愛敬之道滅而性滅；性不資生，愛敬之道生而性生。故曰：「父子之道，天性也。」以毀而滅性，使父失其慈，子失其孝，州閭鄉黨失其仁，則謂之滅性。滅性之非傷生，猶傷生之非滅性也。然而生傷則其性亦浸滅矣，故毀之與傷，聖賢所同戒也。然則惡毀傷，謂其近於死者乎？曰：仁孝之義存，愛敬之理得，雖死而不滅；仁孝之義虧，愛敬之理失，雖生而已傷。然則居親之喪，毀瘠過度，未失愛敬也，而惡其滅性者，何也？曰：君子之性也，非爲生之謂也。天之所命，道之所立，天下之所法，後世之所頌，畎畝而享南面，韋布而配上帝。孟子曰：「君子所性，仁義

〔二〕跳，康熙本同，四庫本作「咷」。

禮智根於心。」（孟子盡心上）傳曰：「惟天下至誠爲能盡其性，能盡其性則能盡人之性，能盡人之性則能盡物之性，能盡物之性則可以贊天地之化育，可以贊天地之化育則可與天地參矣。」（中庸）故性，參天地者也。然則性參天地，非毀所能滅，使性可以毀滅，則性不能參於天地。曰：是何言也！天地之性，始微而終著，其託於臣子，猶父母之託體也，日鞠養之，冀其成長。孟子曰：「人之有是四端也，猶其有是四體也。知皆擴而充之矣，若火之始燃，泉之始達。」（孟子公孫丑上）夫使受性者若火之不燃，泉之不達，則天地父母皆靳之矣。然則滅性之於傷膚有別乎？曰：滅性，近名者也；傷膚，近刑者也。名者，性之殘刑者，性之賊也。然則樂正子春之傷足也，不近於刑名而其痛近於滅性，何也？曰：性出於天地，身出於父母，滅性而傷天地，傷膚而恫父母。仁人君子則必有以處此矣。然則刑名同禍也，而君子猶不惡名，何也？曰：性不滅，名亦不滅。性與身俱生，故親之名不與身俱生，故尊之。尊名而親身，皆天也。

右經第十八章

大傳第十八

親始喪，雞斯，徒跣，扱上袵，交手哭踊。惻怛疾痛，乾肝焦肺，水漿不入口，三日不舉火，故隣里爲之糜粥以飲食之。悲哀在中，故形變於外。痛疾在心，故口不甘味，身不安美。三日而斂，動尸舉柩，哭踊無數，謂其已斂而不可復生也。（禮記問喪）

記曰：「三日而后斂，俟其生也。三日不生，孝子之志亦衰矣。」（禮記問喪）又曰計其可成矣，親戚可至矣，故以三日斷之。夫孝子之志何衰之有？謂其欲生之意斬然衰矣，故衰之。衰者，變哀者也。然則乙丑至癸酉九日矣，乃治材敷几，道揚末命，何也？曰：已斂矣，已舉矣。未成服而先揚命，揚命而後正終，正終而後正始，正始而後成服，所以教喪之有主也，是爲天下主者也。其事益大，其禮益重。若夫括袒哭踊悲哀，則庶人之達於天子一也。然則入自南門之外而猶之奔喪者與？曰：異宮也。將即位而賓之，萬物之始相見也。異夫内之擁立子者也，自天子而下無有也。

斬衰何以服苴？苴，惡貌也，所以首其内而見諸外也。斬衰貌若苴，齊衰貌若枲，大功貌若止，小功、緦麻容貌可也。此哀之發於容體者也。斬衰之哭若往而不反，齊衰之哭若往而反，大功之喪三曲而偯，小功、緦麻哀容可也。此哀之發於聲音者也。斬衰唯而不對，齊衰對而不言，大功言而不議，小功、緦麻議而不及樂。此哀之發於言語者也。斬衰三日不食，齊衰二日不食，大功三不食，小功、緦麻再不食。士與斂焉一不食。故父母之喪，既殯食粥，朝一溢米，莫一溢米；齊衰之喪，疏食水飲，不食菜菓；大功不食醯醬；小功、緦麻不飲醴酒。此哀之發於飲食者也。父母之喪，居倚廬，寢苫枕塊，不稅絰帶；齊衰之喪，居堊室，芐翦不納；大功以席；降以床。此哀之發於居處者也。（禮記間傳）

又曰：「父母之喪，既虞，卒哭，疏食水飲，不食菜菓。期而小祥，食菜果。又期而大祥，有醯醬。中月而禫，禫而飲醴酒。始飲酒者，先飲醴酒。始食肉者，先食乾肉。」（禮記間傳）又曰：「父母之喪，既虞，卒哭，柱楣翦屏，芐翦不納。期而小祥，居堊室，寢有席。又期而大祥，居復寢。中月而禫，禫而床。」（禮記間傳）內則曰：「居喪之禮，頭有創則沐，身有瘍則浴，有疾則飲酒食肉，疾止復初。不勝喪，乃比於不慈不孝。五十不致毀，六十不毀，七十惟衰麻在身，飲酒食肉，處於內。」凡此者皆本性而立教，雖稍爲節文，未離乎質也。

記曰：「始死，充充如有窮；既殯，瞿瞿如有求而弗得；既葬，皇皇如有望而弗至。練而慨然，祥而廓然。」（禮記檀弓上）

人之觀聖人也，以其禮節；聖人之觀人也，以其精神。精神者，禮樂文質之本也。三年之內分爲五際，愛者致其愛，敬者致其敬，愛敬哀戚，合迸而流，雖常人亦猶是情也。而顏丁[一]、少連獨以是名，夫豈其節文獨

[一]「丁」字，底本、康熙本皆無，從四庫本補。按禮記檀弓下載「顏丁善居喪」，禮記雜記載「少連、大連善居喪」。

有以異於人者乎？

縣子曰：「三年之喪如斬，期之喪如剡。」三年之喪，雖功衰，不弔，自諸侯達於士。如有服而將往哭之，則服其服而往。期之喪，十一月而練，十三月而祥，十五月而禫。練則弔。既葬，大功，弔，哭而退，不聽事焉。期之喪，未葬，弔於鄉人，哭而退，不聽事焉。（禮記雜記）

父在齊衰，謂之期齊。衰、練而可以弔，是則已殺矣。縣子則猶之殷禮也。

子貢問喪，子曰：「敬爲上，哀次之，瘠爲下。顔色稱其情戚，容稱其服。少連、大連善居喪，三日不怠，三月不解，期悲哀，三年憂。東夷之子也。」凡三年之喪，言而不語，對而不問。廬、堊室之中，不與人坐焉。在堊室之中，非見母不入門。疏衰皆居堊室，不廬。廬，嚴者也。（禮記雜記）

記曰：「凡喪禮，則哀爲之主矣。」（禮記問喪）告子貢而不然者，則猶之周禮也。哀則已質，已質則多過。敬者，哀之節也。少連、大連則猶之質也。夫爲卿大夫而上，則必趨而文矣。文有隆殺，而質無隆殺，從其嚴，而嚴之猶變。廬而堊室，其居處不同，而情愫一也。

父母之喪，居倚廬，不塗，寢苫枕块，非喪事不言。君爲廬，宫之，大夫、士襢之。

既葬，拄杖，塗廬，不於顯者。君、大夫、士皆宫之。凡非適子者，自未葬，以徃於隱者爲廬。（禮記喪大記）

文子雖避適子，其於禮一也。大夫士雖别於君，其嚴一也。嚴近乎文，然且已質，則亦謂之質而已。經之不言居廬，是猶純乎質者也。

既葬，與人立，君言王事，不言國事；大夫、士言公事，不言家事。君既葬，王政入於國，既卒哭，而服王事。大夫、士既葬，公政入於家，既卒哭，弁，絰帶，金革之事無辟也。（禮記喪大記）

古之仕者非於王室，則其公族、甥舅、伯叔無所辟之。值王事公事，則固有弁、絰帶而從於外者矣。苞屨、扱衽、厭冠不入公門，入公門而從王事，非禮也。

君之喪三日，子、夫人杖；五日既殯，授大夫、世婦杖。子、大夫寢門之外杖，寢門之内輯之；夫人、世婦在其次則杖，即位則使人執之。子有王命則去杖，國君之命則輯杖，聽卜、有事於尸則去杖。大夫於君所則輯杖，於大夫所則杖。（禮記喪大記）

大夫於君所則輯杖，何也？同爲君喪者也，而避嗣君，猶之親喪之與！君殯也，殷事則歸反於君所，此言夫君喪之不可以請也，爲大夫而從公族之禮也，非爲奪喪者也。

辟踊哭泣，哀以送之，何也？送形而往，迎精而反也。其往送也，望望然，汲汲然，如有追而弗及也。其反哭也，皇皇然，若有求而弗得也。故其往送也如慕，其反也如疑。求而無所得也，入門而弗見也，上堂又弗見也，入室又弗見也，亡矣，喪矣，不可復即矣！故哭泣辟踊，盡哀而已矣。悵焉愴焉，惚焉愾焉，心絶志悲而已矣。祭之宗廟，以鬼享之，徼幸復反也。成壙而歸，不敢入處室，居於倚廬，哀親之在外也。寢苫枕塊，哀親之在土也。故哭泣無時，服勤三年，思慕之心，孝子之志也，人情之實也。（禮記問喪）

或問曰杖者，何也？曰：身體病羸，以杖扶病也。然則父在，不杖矣。父在不杖，堂上不杖。然則齊衰之無辟踊乎？曰：夫亦其子也。孝子之志，非父所制也。故曰：禮義之經，非從天降也，非從地出也，人情而已。極於人情之爲質，從人情而著焉之爲文。

免喪之外，行於道路，見似目瞿，聞名心瞿。弔死而問疾，顔色戚容必有以異於人也。如此而後，服三年之喪。（禮記雜記）

服喪者之志有以異於人乎？夫其性觸之，心凝之，有不自知也。必以如是，爲稱服喪者則其文也多矣。子曰：「無服之喪，内恕孔悲。」（禮記孔子閒居）

記曰：「喪禮，哀感之至也。節哀，順變也，君子念始之者也。復，盡愛之道也，有禱祀之心焉。北面，求諸幽之義也。拜稽顙，隱之甚也。飯用米、貝，不忍虛也。以死者爲不可別矣，故旌以識之。辟踊，哀之至也。有筭，爲之節也。袒、括髮，去飾之甚也。慍，哀之變也。弁絰葛而葬，與神交也。周人弁而葬，殷人冔〔二〕而葬。歠主人、主婦，爲其病也，君命食之也。反哭升堂，反諸其所作也。主婦入于室，反諸其所養也。反哭之弔也，哀之至也。反而亡焉，失之矣，於是爲甚。殷人既封而弔，周人反哭而弔。孔子曰：『殷已慤，吾從周。』」（禮記檀弓下）

既封而弔，已文也，而謂之已慤，則將從其迂緩者乎，謂疑其安魄也。

既封，主人贈，而祝宿虞尸。既反哭，主人與有司視虞牲。有司以几筵舍奠於墓左，反，日中而虞，不忍一日離也。是月也，以虞易奠，卒哭曰「成事」。是日也，以吉祭易喪祭，明日祔于祖父。其變而之吉祭也，必於是日也。殷練而祔，周卒哭而祔，孔子善殷。喪之朝也，順死者之心也。哀離其室也，故至於祖、考之廟而後行。殷朝而殯於祖，周朝而遂葬。（禮記檀弓下）

〔二〕冔，原作「哻」，據禮記檀弓下，從康熙本、四庫本改。

夫子之葬母，蓋猶朝而殯，殯而後葬也。朝而殯不謂之文，練而祔不謂之質，既封而弔不謂之慤，反室而弔不謂之文，夫子兼取之而謂夫子尚質者，何也？是非夫子之所貴也。夫子之所貴者，愛敬哀慼而已。孝子以愛敬哀慼爲實，其煩促隆殺，家相、室老治之。天子不加贏，庶人不加絀，各極其情事而止。故夏、殷之禮，夫子兼用之而有不盡也。「孔子之喪，公西赤爲志焉。飾棺墻，置翣，設披，周也；設崇，殷也；綢練設旐，夏也。」（禮記檀弓上）故文則無所不之也。公明儀治子張之喪，緒幕丹質，蟻結于四隅，殷禮也。夫以公明儀之意，謂夫子宜用殷禮者乎？夫子而參用三代，亦何不可也。故文者，質之委也。

高子皐之執喪也，泣血三年，未嘗見齒。顏丁之執喪也，始死，皇皇焉如有求而弗得；既殯，望望焉如有從而弗及；既葬，慨焉如不及其反而息。子思之母死於衛，柳若謂子思曰：「子，聖人之後也。四方於子乎觀禮，子蓋慎諸？」子思曰：「吾何慎哉！吾聞之：有其禮，無其財，君子弗行也；有其禮，有其財，無其時，君子弗行也。吾何慎哉！」（禮記檀弓上）

子思喪出母，而不使子上喪出母，何也？子思自爲制者，子上則子思制之也。然則子思所謂財與時者，何也？傷其母之出也，以爲貧也，傷其不任也，以爲禮有所未盡也。

子思曰：「喪三日而殯，凡附於身者，必誠必信，勿之有悔焉耳矣。三月而葬，凡附

於棺者，必誠必信，勿之有悔焉耳矣。喪三年以爲極，亡則弗之忘矣。故君子有終身之憂，無一朝之患也。」（禮記檀弓上）

誠信者，敬哀之實也。誠信敬哀，皆質也。葬而葛弁，祭而用明器，非不誠信也。三月而外，浸近於文焉。近於文，則王公貴人皆自爲隆矣。非道之，爲汚隆者也。

曾申問於曾子曰：「哭父母有常聲乎？」曰：「中路嬰兒失其母焉，何常聲之有？」（禮記雜記下）有子與子游立，見孺子慕者。有子謂子游曰：「予壹不知夫喪之踊也，予欲去之久矣。情在於斯，其是也夫！」子游曰：「禮有微情者，有以故興物者，有直情而徑行者，戎狄[二]之道也。品節斯之謂禮，自上世以來，未之有舍也。」（禮記檀弓下）

喪之始於懷抱也，踊之始於孺子慕也，兩者情理之極也。有子近於質，子游近於文，壹不知夫文質之至發於自然，聖人無所增損也。雖然，曾子、有子知其本也。

孔子曰：「啜菽飲水盡其歡，斯之爲孝。斂首足形，還葬而無槨，稱其財，斯之爲禮。」又言之：「喪不慮居，毀不危身。喪不慮居，謂無廟也。毀不危身，謂無後也。」（禮

[二] 戎狄，康熙本挖空，四庫本作「夷狄」。

記檀弓下）

固知夫夫子之質也。還葬而無槨，以是爲禮者，夫子蓋親行之，而世不悟也。然則葬與廟，孰重？曰：殷人重葬，周人重廟。殷之成墓而弔與？夫弔於壙也。太甲之居桐，武丁之諒陰，皆墓也。周人虞而吉祭，已葬而祔礿、禘、嘗、烝，皆在於廟，以爲墓祭非禮也，是不同道。墓之貴北首，謂溫清也。廟之貴西首，謂昭穆也。然且君子有不得行其道者，曰財也，時也。子路去魯，謂顏淵曰：「何以贈我？」曰：「吾聞之也：去國則哭于墓而後行，反其國不哭，展墓而入。」謂子路曰：「何以處我？」子路曰：「吾聞之也：過墓則式，過祀則下。」（禮記檀弓下）甚也，二子之質也！重其先，慕其親，敬其身。然則野哭而夫子惡之。弁人孺悲，而夫子以爲非禮，何也？曰：喪事總總，迫而質，遠而文。倚質而不辨，以是爲杜橋之沽也。

孔子之喪，有自燕來觀者，舍於子夏氏。子夏曰：「聖人之葬人與？人之葬聖人也，子何觀焉？昔者夫子言之曰『吾見封之若堂者矣，見若坊者矣，見若覆夏屋者矣，見若斧者矣。從若斧者焉』，馬鬣封之謂也。今一日三斬板，而已封，尚行夫子之志乎哉！」（禮記檀弓上）

固知夫夫子之質也。大夫之封五尺，夫子蓋猶參三代之制也。成子高曰：「葬也者，藏也。藏也者，欲人之弗得見也。是故衣足以飾身，棺周於衣，槨周於棺，土周於椁，反壤樹之己矣。」（禮記檀弓上）然則成子高不封乎？曰：是猶士、庶人之禮也。將適國而告之，使過者皆式之，如之何其不封也？然則卜兆、卜日，孰爲輕重與？曰：卜兆是也。墓之爲言慕也，卜者必步焉。武步皆坐，左干而右戚；文舞發步，左籥而右翟，周人皆用之，未之學也。然則卜不改日與？曰：是皆有其制焉，雖雨必葬，雨不克葬。改日而葬，春秋之所非也。然則葬不分昭穆，卜不諏日吉與？曰：周之子姓三百，餘國其祔於豐畢者不能數，公越時而葬，必有它故，內不可告於天子，外不可訃於列國，則亦何昭穆待吉之有？

子夏既除喪而見，予之琴，和之而不和，彈之而不成聲。作而曰：「哀未忘也，先王制禮而不敢過也。」子張既除喪而見，予之琴，和之而和，彈之而成聲，作而曰：「先王制禮，不敢不至焉。」（禮記檀弓上）

甚哉，二子之情也！情當之謂文，情當之謂質，文質備矣，愛敬不衰，是可與語仁孝矣。仁孝無它，愛敬而已。周公之祀明堂，仲尼之殯五父，大舜之享虞思，季子之還左袒，此物此志也。愛敬衰而情文濫，情文濫而禮無所立。魯悼公之喪，季昭子問於孟敬子曰：「爲君何食？」敬子曰：「食粥，天下之達禮也。吾三臣者之不能居公室，四方莫不聞矣。勉而爲瘠，吾則能，毋使人疑夫不以情居瘠者哉！我則食食。」（禮記檀弓下）若是乎孟敬子之質也，然而禮散矣。生不能事，歿不能喪也，而以爲誠信，可乎哉？

子路曰：「吾聞諸夫子：喪禮，與其哀不足而禮有餘也，不若禮不足而哀有餘也。祭禮，與其敬不足而禮有餘也，不若禮不足而敬有餘也。」（禮記檀弓上）

子路之祭也，室事交乎戶，堂事交乎階。質明而行事，晏朝而退。夫子以爲知禮，謂其賢於跛倚以臨者也。周禮之貴遲久也。三時之積，一日之接，思成愾然，而取便於食息之頃，安知夫神明之交與？不交乎，故哀之與！敬，涉久而見者也。詩曰「我孔熯矣，式禮莫愆」（詩經小雅楚茨），言其持久者也；「諸宰君婦，廢徹不遲」（詩經小雅楚茨），言其終事者也。固知夫子之善，子路有所未盡也，然而子路質矣。子曰：「禮，與其奢也，寧儉；喪，與其易也，寧戚」（論語八佾），則猶與夫子路之質者也。

孔子在衛，有送葬者，夫子觀之，曰：「善哉爲喪乎！足以法矣，小子識之。」子貢曰：「夫子何善爾也？」曰：「其往也如慕，其反也如疑。」子貢曰：「豈若速反而虞乎？」子曰：「小子識之！我未之能行也。」（禮記檀弓上）

夫子之未能行者，何也？曰：禮由中作，速反而虞。夫子之行，周禮也。行周禮而不若衛人，則是夫子之哀也。夫子葬於防且封矣。夫子先反，雨甚，門人後至，孔子問焉，曰：「防墓崩。」孔子不應者三，泫然流涕曰：「吾聞之，古不修墓。」（禮記檀弓上）夫豈以殷人而不得行殷禮乎？殷人之禮也，已封而虞，虞而反弔。然而夫子所尚以其疑慕也。夫疑也，而夫子以爲未能者乎？甚矣，夫子之仁也！仁孝備而文質生，文質生而禮樂出矣。

魯人有周豐也者，哀公執摯請見之，而曰：「不可。」公曰：「我其已夫。」使人問焉，曰：「有虞氏未施信於民，而民信之；夏后氏未施敬於民，而民敬之。何施而得此於民也？」對曰：「墟墓之間，未施哀於民而民哀；社稷宗廟之中，未施敬〔二〕於民而民敬。殷人作誓而民始畔，周人作會而民始疑。苟無禮義、忠信、誠慤之心以涖之，雖固結之，民其不解乎？」（禮記檀弓下）

若周豐者，可謂知本矣。哀敬之生，生於孺慕愛親，敬長致哀於父母。生而能之，生而知之，生之有愛敬，没之有哀戚，此非必有保傅之訓討，詩、書之服習也，因性而利導焉耳。墟墓之間，早已施哀；宗社之中，早已施敬〔三〕。哀敬固結，非一日之積也。故爲人子者有無形之視，無聲之聽，無方之養，無制之哀。得其本則禮由此起，樂由此作；不得其本，則猶聚孩提之童與之講殷、周之誓誥也。

孔子閒居，子夏侍。子夏曰：「敢問詩云『凱弟君子，民之父母』，何如斯謂民之父母矣？」孔子曰：「夫民之父母，必達於禮樂之原，以致五至而行三無，以横於天下，四方有敗，必先知之，此謂民之父母矣。」子夏曰：「民之父母既聞命矣，敢問何謂五至？」

〔二〕敬，底本、康熙本皆作「教」，據禮記檀弓下，從四庫本改。
〔三〕敬，底本、康熙本皆作「教」，從四庫本改。

孔子曰：「志之所至，詩亦至焉；詩之所至，禮亦至焉；禮之所至，樂亦至焉；樂之所至，哀亦至焉。哀樂相生，是故正明目而眡之，不可得而見也；傾耳而聽之，不可得而聞也；志氣塞乎天地，此之謂五至。」子夏曰：「五至既得而聞之矣，何謂三無？」孔子曰：「無聲之樂，無體之禮，無服之喪。」「敢問何詩近之？」孔子曰：「『夙夜基命宥密』，無聲之樂也。『威儀棣棣，不可選也』，無體之禮也。『凡民有喪，匍匐救之』，無服之喪也。」子夏曰：「言則大矣，美矣，盛矣！言盡於此而已乎？」孔子曰：「何爲其然也？君子之服，此猶有五起焉。」子夏曰：「何如？」孔子曰：「無聲之樂，氣志不違；無體之禮，威儀遲遲；無服之喪，内恕孔悲。無聲之樂，氣志既得；無體之禮，威儀翼翼；無服之喪，施及四國。無聲之樂，氣志既從；無體之禮，上下和同；無服之喪，以畜萬邦。無聲之樂，日聞四方；無體之禮，日就月將；無服之喪，純德孔明。無聲之樂，氣志既起；無體之禮，施及四海；無服之喪，施於孫子。」（禮記孔子閒居）

甚矣，夫子之文也！性情之動以爲氣志，氣志之動以爲詩、禮、樂。横天下，塞四海，皆是也。其始於愛其親，以及於不敢惡天下之親；其始於敬其長，以及於不敢慢天下之長。周公之祀后稷、享文王，成王之臨雍、釋奠、齒胄、養老，堯、舜之遏密八音、勤事野死，亦皆此物、此志也。故天下之順，非聖人能順之也。聖人因性立教，動於至順，而天下順應之。詩曰：「媚兹一人，應侯順德。」（詩經大雅下武）得其本而順用之，以爲道則曰要道，以爲德則曰至德，上下之和睦無怨則必由此矣。夫非仲尼而誰能順動如此者乎？易曰：「雷出地奮，豫；先王以作樂崇德，殷薦之上帝，以配祖考」（易傳豫卦），則必謂此也夫。

附一　歷代孝經集傳序跋

明刻本孝經集傳衆弟子跋

此書於癸未八月朔日，師命有柏、夢鏑、有度、允元、駿章、垣、靜同集北山草廬。師具章服，北向望，闕五拜三稽首，又向太老師墓前四拜再稽首，乃於堂中先生前再拜，起立，置書案上。有柏、夢鏑、有度、允元、駿章、垣、靜各四拜受卒業焉。癸未十月朔日胡夢鏑謹識。

有柏與師從事四十年，見師行止坐臥只是一部孝經。庚、辛兩載，師在請室手書一百餘部。比蒙聖恩，賜環歸家，成帙九萬餘言。諸生請共傳受，疑是古今孝行，若王祥、劉殷之數鼓篋出之，乃知聖門踐履盡在禮記，孟子行誼盡在七篇，周公、孔子作用盡在「不敢惡慢於人」一句，始愧從事四十年，未嘗讀禮記、孟子，如何得浪言讀孝經乎？此書到處有鬼神護持，到處有日月星辰照臨其上，切勿輕易放置，輕易品題。十月林有伯謹識。

吾師嘗云：「聖賢學問只是一部孝經，曾、孟兩家爲聖門宗子，千種書都說不到孝經田地。」今觀集傳以一部禮記爲孝經義疏，以孟子七篇爲孝經引導，其他六籍皆肇是書，豈鄭、孔所能明，邢、朱所逮喻者乎？天下世之讀是書者勿作集傳觀之也。十月陳有度謹識。

夫子以孝經綱領六藝，而其文簡質，不若他經之崇閎，自劉、鄭而下，千數百家所紬繹章句耳。子輿不作，誰明其原？今讀集傳昭昭乎日月江河也，信爲它經祖禰矣。聖人作，將修周公之業於傳乎取之，將明孔子之道於傳乎取之。吾師嘗云：「孝經千七百七十三字，合於天行。」今觀大小傳，繁簡損益，各有權度，後有達者，當有悟於斯文矣。十月陳允元謹識。

岳翁在白雲庫中，手寫孝經百二十本，本本各別。垣與德公止子同在西曹，恨值禍潰，跳身先歸，無由録其一二。今見蔣相公召對，恭紀中所載，乃知此事已達。□聽比歸，發篋得孝經集傳，問之止子及塗德□，文皆未見，原本惜當日所寫已一散盡無有，今所刻乃孝經爲經，以禮記一部及孟子七篇錯綜爲緯，與前日寫本絕不相同。乃知曾、孟兩家傳受正嫡浩然弘毅是一樣，立教立身，非復先儒夢寐之所曾到也。十月朱垣謹識。

康熙本孝經集傳序一（張鵬翮〔一〕）

今上登閎化理，敦尚儒術，承世祖章皇帝之志，命儒臣纂修孝經衍義，刊布海内，俾窮鄉末學、華户陋民咸曉然於至德要道、天經地義之大，德至渥也。屬在内外臣工，其誰敢不虔奉聖訓？務令家喻户曉，以躋淳風。況學臣之模範士類，董蒞黌宫，而以明倫正俗爲職者哉。鄭公肇修夙推閩中碩望，以木天之選，視學兩浙，既進多士而衡其文藝，定其高下，以示激勸，更念有文矣或無行，則馬牛而襟裾，可奈何！且士有百行，惟孝爲先。故昔賢以事君忠，蒞官敬，居處莊，戰陣勇，舉而悉歸之孝。因取石齋黄氏所著孝經集傳，鏤版以行。欲凡列於郡邑諸庠者，人人知溫清定省之節、立身揚名之義。庶幾乎經明而行修，不徒以浮華相尚也。或以朝廷所頒衍義一書，煌煌義類，炳若日星，外此者難爲言矣。兹復爲黄氏集傳之刻，是日月出，爝火不息，時雨降而浸灌不已。其無乃近於綴旒乎？此其説然矣，而亦不盡然。古之治天下者，家有塾，黨有庠，州有序，國

〔一〕張鵬翮（1649—1725），字運青，號寬宇、信陽子，四川潼川州遂寧縣黑柏溝（今四川省遂寧市蓬溪縣黑柏溝）人。世稱「清代第一清官」，著名治河專家、理學名臣。康熙九年（1670）進士，官至文華殿大學士兼吏部尚書，時人稱其爲「遂寧相國」。雍正三年（1725）於相位上病逝，謚「文端」，祀於清朝賢良祠、遂寧鄉賢祠。

有學。其在上之後王君公，既躬行以率之矣，或不偏也。又設立師儒，以教之周禮。所謂師以賢得民、儒以道得民者，是也。以爲教之或不從也，於是有訓典以閑之。周禮所謂十有二教，保息六，體俗六，及鄉三物云云是也。以爲閑之或有頑梗桀驁而不馴也，則又有刑威以糾之。周禮所謂八辟三刺，及圜土嘉肺之石是也。又恐遐陬僻壤、蔀屋窮簷之衆，猶有未能盡曉者，則於始和之布、象魏之懸之外，爲遒人木鐸以狗於道路，何其法之詳而備教訓之有加，而無已歟？蓋其立教之本，不越於家庭庸行之近，而其所以教之之方，則愈多焉而不苦其煩，屢悉焉而不厭其瑣。今聖主在上，既以孝經頒示各省矣，而爲臣子者奉行而遵守之，固對揚之宜也。即或旁搜而廣述之，尤旬宣之分也。且夫孝之爲道也，天子曰就，諸侯曰度，卿大夫曰譽，士曰究，庶人曰畜，推而放之東海而准，推而放之西海而准，推而放之南海而准，推而放之北海而准，豈以貴賤遠近而有異乎哉？黄氏爲肇修之鄉先生，學術淵通，文詞宏偉，不幸生於明季，以正直自守，不能媚權貴，而數遭斥辱，然其言其行見於通紀諸編，有不愧移孝成忠之目者。夫以楊子雲之法言、馬季長之忠經，後知君子猶不以人而廢之，況於黄氏之大節凜凜者哉！予之有取於肇修之刻，猶之肇修之有取於黄氏之傳也。學者由是而進以求之於上頒之衍義，其亦行遠自邇、登高自卑之意也夫。康熙三十二年歲次癸酉孟夏月朔賜進士出身巡撫浙江等處地方提督軍務都察院右僉都禦史遂寧張鵬翮撰。

康熙本孝經集傳序二（鄭開極[一]）

今天子以孝治天下，詔儒臣篡修孝經衍義，炳然天經垂地義著矣。極承令宫諭奉命視學兩浙，思以宏孝理者敦士，翼經傳者贊聖學，惴惴焉懼不克勝任。竊聞鄉先生石齋黄公考注經傳，其功甚偉，而孝經集傳一書尤稱醇正，乃後學未之獲睹也。海寧沈昭子先生著書明道，以微言墜緒爲己任。一日，削劄遠及，奉是編寫本見貽，爰拜受以莊誦焉。其分經别傳，則朱考亭之刋誤也；次第篇章，則劉中壘之今文也。儀禮、二戴記以爲疏義，則六家之同異可無論也。小傳則公之所發明，大傳則兼采游、夏、思、孟之所闡述也。微義五，著義十二，則公之自序其節目也。旨該而義切，其爲集傳也，若是至德要道不粹然明備也耶！夫公之經學，其所考注亦博矣。聞其書有傳有不傳，不傳者如詩晷正、春秋表正放失，舊聞良足慨已；其傳者網羅搜訪，不得之於閩，而得之於浙，既得之蓬山藜閣之家，更得之於汲古問奇之士，噫！延津之合抑何神也，又其幸已。極乃得蠡測而

〔一〕鄭開極（1638—1717），字肇修，號幾亭，侯官縣（今福州市區）人。清順治十八年（1661）進士，選庶吉士，授編修。聖祖年少繼位，選爲伴讀。康熙二十年（1681），主纂福建通志，訂正弘治八閩通志中的一些錯誤。

編，窺其領要焉。有若易象正、三易洞璣及洪範、月令二篇之明義，公益精於天人象數之學者也。易與範，天人象數之所自出，而月令則占驗焉者也，於斯三者能通貫焉，以視焦、京之於易，向之於洪範，邕之於月令，較之漢儒抑遠矣。有若緇衣、儒行暨坊、表二記，均名之曰集傳。夫禮四十九篇，其綴拾不無醇雜，固紫陽之所欲删正，草廬之所欲詮次者也。茲四篇者，醇乎孔子之言也。公所謂自二十篇而外，未有明著於此者，其爲之考注也宜詳，以視張九成之少儀，楊簡之於孔子閒居，較之宋儒抑又微矣。然則公之經學，蓋不止於孝經也。雖然，孔子嘗贊易，述書，删詩，定禮、樂，修春秋矣，當其時門弟子未有以「經」名者。至與曾子言孝，子思、樂正子春之徒筆之於書，謂之孝經，夫子亦云「行在孝經」，「經」之名改始於此。公以通經之義者，尊經之統，必以是經冠六經之首也，明矣。極論次之經學，疏其大略，先訂是編，以鏤板焉，而餘有俟也，是亦公之志也。夫公之在勝國也，抗顏殿陛，反覆論諫，九折不回。及其賦板蕩之什，稍稍委蛇，亦可以鼓吹詞林，而不可奪也，以視孔安國、王肅、陸德明、邢昺諸家，其行誼又何如也耶！然則傳孝經者，惟公斯無忝爾是編也。以仰贊聖天之孝治，而敦士行，翼經傳，非小補云。極是以發潛闡微，而敬爲之序。時康熙三十一年歲次壬申八月朔，侯官鄭開極撰。

康熙本孝經集傳序三（沈珩[一]）

紫陽朱子以窮理之學，致力於經傳集注、五經四子書，四百年來國家以之設科取士，如漢世經師而立於學宫之比。其孝經刊誤、儀禮通解二書，以其非宗伯所頒、藏書家用備，故籍而已。刋誤之作，因文删定，無所增加，嘗欲掇取他書之言，别爲外傳，以發此經之義，而自謂未敢，蓋若有待焉。晚歲修明三禮，則以儀禮爲禮經，若二戴記及諸經史雜書所載有及於禮者各附本經之下，惟喪祭二禮未就，屬門人黄榦續成之。明季漳海黄石齋先生紹明紫陽之意，成孝經集傳一書，謂六經之本注皆出孝經，而儀禮、二戴記皆爲孝經疏義，他若游、夏諸儒及子思、孟子所傳亦備采之，謂之大傳；經傳各條之下，先生以窮理所得，暢厥發明，謂之小傳。此紫陽修儀禮之成法也。大傳字目二萬餘，小傳五萬餘，起草於崇禎戊寅，卒業癸未，厘然大成，非若紫陽儀禮喪祭之有遺憾也。竊窺先生生平之學行，孝爲本；孝弟之義，愛敬爲本。以之修身，以之事君，即以之惠教學

[一] 沈珩（1619—1695），字昭子，號耿庵（一作耿岩），又號稼村，浙江海寧人。康熙三年（1664）進士，授内閣中書；康熙十八年（1679）授翰林編修，預修明史。

者，所見明而所守確，故條次遺文，抉陳精理，罔勿深切著明。其言曰「語孝則本敬，本敬則禮從此起」，斯言也揭道德之根柢，溯經曲之大原，正天心而立民命，舉括諸此矣。於是繹爲微義五，著義十二，謂著是十七者以治天下，選士不與而士出其中。今按二傳之所指列，一以是十七者爲之綱領，精粗本末，綜貫靡遺，以達乎敬愛之本，然誠使士出其中，而任天下之重，安有不本仁陳義，使天下奏中和祥順之治也哉？夫孝治天下，經之所已言。選士出其中，此先生洞灼三才，網維百行，而獨見乎從前所未有。宋以前説經諸家大師，或至數十萬言，往往沿數而昧理，循偏而忽全，惟董江都説春秋，性功王道備焉。宋諸大儒則濂溪通書，伊川易傳，紫陽四子集注、儀禮通解，文富義該，羽翼六經、語、孟，莫有能繼之者。先生此編，揭日星而儷河漢，豈出諸先生下哉？孝經顯於漢，亦淆雜於漢，亂於隋，緒正於唐、宋，紫陽、涑水指歸各殊，譬之世系宗傳，則諸家皆別子支庶，而是編乃其宗子，百世者矣。先生一生著述，精神義理，畢萃此編，然故本放失，卒復流傳。珩向得刻本於叔氏漳浦君，愛若父母，敬若神明，叩諸當代藏書家，如寶玉大弓之不及睹，思雋摹以永其傳，力澀未舉。晉安鄭肇翁先生，品望學行，夙推朝右，今年來督學於浙，知遺書不泯，急欲表見，以惠學者，甚盛心也。竊念國家特崇孝經程士，顧士習務萃絕根，所沿綴應制，不過影響摽撮，幾若漢世孝廉，至不能名十八章篇目，況夫愛敬之本，道德經曲之根原，如澌盡灰滅，豈非學術世教之憂哉？將以正造士選士之大端，而使是編之垂法，與漢宋諸大儒羽翼經傳之功，同彪炳千秋，均於今日，竊厚幸焉。謹繕録以各鋟行，而爲之序其略云。康熙三十年歲次辛未仲夏日後學海寧沈珩撰。

四庫提要

臣等謹案：孝經集傳四卷，明黄道周撰。道周有三易洞璣別著録。是書作於廷杖下獄之時，其作書之旨見於門人所筆記者，曰：「孝經自不毁傷其身以不毁傷天下，不惡慢一人以至享祀上帝，真覺良知良能塞天塞地。」又曰：「孝經有五大義：本性立教，因心爲治，令人知非孝無教、非性無道，爲聖賢學問根本，一也；約教於禮，約禮於敬，敬以致中，孝以導和，爲帝王致治淵源，二也；則天因地，常以地道自處，履順行讓，使天下銷其戾心，覺五刑五兵無得力處，爲古今治亂淵源，三也；反文尚質，以夏、商之道救周，四也；闢楊誅墨，使佛、老之道不得亂常，五也。」以是五者別其章分，然後以禮記諸篇條貫麗之。今自序中所謂五微義、十二著義者，不出於此，實一書之綱宗也。然其初説以引詩數處，各爲下章，如中庸尚絅章，今則仍附於各章之後，蓋亦自知其説之不安。又其初欲先明篇章，次論孝敬淵源，三論反文歸質，似欲自立名目，如大學衍義之體。今本則仍依經文次第，而雜引經記以證之，亦與初例不同。昔朱子作刊誤後序曰：「欲掇取他書之言可發此經之旨者，别爲外傳，顧未敢耳。」道周此書實本朱子之志，而其推闡演繹，致爲精深。其所自爲注，文體亦倣周秦古書，無學究章比字櫛之習，蓋劉敞春秋傳之亞。沈珩曰：「其引儀禮、二戴記及子思、孟子之言，謂之大傳。經傳各條之下，先生以窮理所得，暢厥發明，謂之小傳。起草於崇禎戊寅，卒業於癸未，釐然大成，非若紫陽儀禮猶有餘憾。」陳有度曰：「孝經集傳以一部禮記爲義疏，以孟子七篇爲導引，非鄭、孔所能明，邢、朱所逮喻。」雖推許太過，然發明經義較他家實爲深切，平生大節亦無愧於此書，尤非他家之託諸空談者比矣。乾隆四十五年四月恭校上。總纂官：臣紀昀，臣陸錫熊，臣孫士毅；總校官：臣陸費墀。

孝經集傳鈔序（沈大成[一]）

孝經集傳，明儒黄石齋先生采儀禮、大小戴記及論語、孟子爲經疏義，謂之大傳；又於經傳之下，類附己注，以引伸其説，謂之小傳。凡四卷。書成未及進禦，而猶結銜序末者，先生志也。夫十四經並重，天壤而傳，孝經者獨鮮，在唐尚有二十七家，宋、元至今，著録益寡，可見者玄宗制旨、邢叔明正義、司馬溫公指解、範淳甫説、朱子刋誤、鄱陽董氏大義、吴草廬校刋孝經、朱周翰句解，或宗今文，或述古文，或以今古文參定，諸儒齗齗欲求折衷，難矣！考孝經始著漢初，河間顔貞所獻一篇十八章，此今文列於學官者也。古文孝經與古文尚書同出壁中，孔氏安國爲傳，班志「孝經古孔氏一篇二十二章是也」，其本亡逸蓋久，隋劉炫穿鑿窾易，遂離庶人章爲二，曾子敢問章爲三，又僞作閨門一章，以求合二十二之數，學者疑焉。先生此書，其篇次依今文，而所爲大小傳，曰微義、著義者凡十有七，獨標新旨於諸儒之外，而得其折衷，於是洙水、華陽、新安之

[一] 沈大成：學福齋集文集卷二，清乾隆三十九年刻本。沈大成（1700—1771），字學子，號沃田，江蘇華亭人。交惠棟、戴震、王鳴盛等，以學業相砥礪。精通經史百家之書，及九宫、納甲、天文、樂律、九章諸術，一生曾校訂多部典籍，有十三經注疏、史記、前漢書、後漢書、通典、文獻通考、説文、玉篇、廣韻、梅文鼎曆算叢書等。

意，益以大顯，而它説之踳駁者皆去，何其醇也。夫孝者，根於人之心，而禮卽著於視聽言動之間，爲之門内而非難也，推之天下而皆準也。魚菽之祭而郊廟之饗，溫凊之節而草木之祥，能事親則能事天，而治人，而育物。故自吾而上，禰祖曾高以極於厥初生民之帝，自吾而下，子孫仍云以推於不可窮，旁及族黨州閭，遠至九州血氣之倫，而微逮跂行、喙息蠕動之屬，莫不有愛敬者存，則求所以盡吾親之愛敬者，而達之天地萬物，猶運而已矣。先生以孝爲禮所由生，以郊廟、明堂、釋奠、齒胄、養老、耕耤、冠昏、朝、聘、喪、祭、鄉飲酒爲孝之著，自天子至於庶人，詎有二本哉？蓋數千百年以來，前後諸儒之説，未有如是之深切著明者也。先生之學無所不優，而生平用意尤專此經。親沒，負土廬墓。其在請室，桁楊楚毒中，手書一百二十本。迨後，崎嶇兵間。卒死於難，懔然樹不朽之大節。我夫子所謂「行在孝經」者，先生其庶幾乎！原書大小傳章句少譌，不揣檮昧，僭爲訂鈔，而卷如其舊。先生尚有孝經贊、孝經外傳、孝經定本、孝經別本，皆散佚無存。

孝經集傳序（魏源[一]）

以孝經次大學之後，何也？大學出於曾子，而孝經則夫子所特授曾子之書，當世郎尊爲經，魏孝文侯已爲之傳。公羊緯所謂夫子自言「志在春秋，行在孝經」，眞垂世立教之大原。蓋孝經言不敢者七，至春秋而皆敢之矣。敢心生於不敬，敬者，孝之主宰也，故總不惡不慢於不敢之中，敬則無不愛也。其微言大義則備於禮記。後人或淺近視之，於孝經之中又裂分經傳，加以刪削，與大學補傳改本同失，而孝經之誼幾亡。惟明漳浦黄子集傳，以大小戴記爲孝經義疏，精微博大，肅括宏深，實爲孝經之素臣。爲從來注孝經者所未及。源嚮往服膺，一詞莫贊，乃節録其傳列於大學古本之後，使曾子之學大明於世。抑又考古今言孝者，推舜爲大孝，武王、周公爲達孝，曾子爲至孝，然曾子得曾晳以爲之父，春風沂水，舞雩詠歸，同爲聖人之徒，各由狂狷，以造於中行，其天倫所遇之境，蓋過於舜，而幾同於達孝之周公。孝經嚴父配天之誼，惟夫子以韋布昌王祀，上及先世，

[一] 魏源：古微堂集外集卷一，清宣統元年國學扶輪社本。魏源（1794—1857），清代啟蒙思想家、政治家、文學家。名遠達，字默深，又字墨生、漢士，號良圖。漢族，湖南邵陽隆回金潭人（今隆回縣司門前鎮）。道光二年（1822）舉人，道光二十五年（1845）始成進士，官高郵知州。近代中國「睜眼看世界」的首批知識份子的優秀代表，代表作海國圖志。

足以當之，而曾子亦其鄰幾者也。孝經之傳，專授曾子，意深矣哉！有出乎立身行道，揚名後世外者矣。故特推禮記中「仁人孝子事天如事親，事親如事天」，「惟仁人能言帝，惟孝子能言親」之旨，揭諸篇端。而朱子孝經刊誤疑之，謂「言孝自有親切處，何必言嚴父配天，爲將恐啟人闇奸之心」。試思張橫渠西銘父乾母坤，以大君爲宗子，「惡旨酒，崇伯子之顧養；育英材，潁封人之錫類。不弛勞而底豫，舜其功也；無所逃而待烹，申生其恭也。體其受而歸全者，參乎！勇於從而順命者，伯奇也」，與孝經「嚴父配天」之義，有何區別？自宋儒言之，則發前聖所未發，自周儒言之，則恐啟闇奸之心，斯誠所不解也。道光元年，叙於京師。

跋黄忠端楷書孝經墨刻（程恩澤[一]）

右黄忠端楷書孝經墨刻。此「庶人之孝也」下增引「詩云『我稼既同，上入執宮功。晝爾於茅，宵爾索綯。亟其乘屋，其始播百穀』」廿五字，不知何所據。其題首云孝經定本，似定本即所據也。按忠端著述有孝經集傳四卷，以集傳證之，亦無引詩廿五字，而右經一章下注云「孝經舊本凡十八章，千七百七十三字，石臺本皆依劉向所校、河間獻王得於顔芝者，獨標題差殊耳。近儒皆疑四孝俱有引詩，而『庶人』獨否，似有闕文。又『聿修』之義，大雅所告天子，『無忝』之詩，小宛以勖庶民，欲移大雅以發天子之端，推『無忝』以起庶民之例，於説亦通。然於首章文義未終，於過節發端多礙，小宛之賦雖通於庶民，『有慶』之義反疏於侯國」。又云「凡孝經之義不爲庶人而發，其自舜、文而下，獨推周公，以愛敬爲道德之原，豫順爲禮樂之實」。又云「劉炫繆以閨門之語，溷於聖經；（『閨門之内，具禮矣乎！嚴父嚴兄。妻子臣妾，猶百姓徒役也』，古

〔一〕程恩澤：程侍郎遺集卷七，清粤雅堂叢書本。程恩澤（1785—1837），字雲芬，號春海，安徽徽州歙縣人。師從淩廷堪，於金石書畫、醫算無不涉及。嘉慶十六年進士，授翰林院編修，官至户部侍郎。與阮元並爲嘉慶、道光間儒林之首。

文多此二十二字）朱子誤以聖人之訓，自分經傳，必拘五孝以發五詩，則厥失維均，去古愈遠矣」。據此則忠端不以庶人章增引詩爲然，況舉詩以實之乎？且定本之説既不見文集，又不見集傳，蓋無所謂定本也。然經義考引朱垣之言曰「忠端在白雲庫中，手寫孝經百二十本，本本各别」，或者增此二十五字之本，是忠端未定論以前所寫歟？

孝經有古文今文之分，王劭、劉炫紛紛聚訟，見於隋志；主古文者劉知幾，主今文者司馬貞，彼此駁議，見於唐會要。自石臺孝經用今文，而古文遂微。（石臺孝經卽唐明皇隸書）然據黄氏日鈔所載，核之古文多閨門一章二十二字，今文無之，其餘不過字句有增減，章有分合耳。卽晚出之足利本，其經文亦無大同異，惟僞託孔安國注爲不足信。而今文鄭注是小同所作，（嚴可均所輯孝經鄭注仍以爲康成所作，阮福孝經通義則云小同）三國漢魏、隋、唐不見之本，宋、元、明不能見，中國不見之本，海外或見之。兹按古今文及足利本，皆無庶人章增引詩之説，則所謂定本者蓋不可信矣。（吴草廬孝經定本亦無此引詩廿五字）

朱子作孝經栞誤爲此經添一改本，吴草廬作孝經定本又爲此經添一改本。

附二　清代以來對孝經集傳的相關評價

雷學淇：前明黄石齋倣儀禮經傳通解作孝經集傳四卷，引諸經之語附於經文下，謂之大傳；別作注文附諸經文後，謂之小傳。於輔世長民之道，頗爲切近。書曰「孝乎惟孝，友於兄弟」，有子曰「孝弟也者，其爲人之本與」，孟子曰「堯舜之道，孝弟而已矣」。石齋此書可謂得其綱領，然所從者乃朱子刊誤本，且云「千七百七十三字合乎天行」，未免阿其所好。〔一〕

周中孚：孝經集傳四卷，石齋九種本，明黄道周撰。道周，字幼平，漳浦人，天啓二年進士，改授編修，官至武英殿大學士。四庫全書著録，明史藝文志作二卷，朱氏經義考仍作四卷。石齋以六經之本皆出孝經，而儀禮、二戴記皆爲孝經義疏，他若游、夏諸儒及子思、孟子所傳亦備采之，謂之大傳；經傳各條之下，日以窮理所得，暢厥發明，謂之小傳。大傳列每章小傳之後，其各條之下亦一例爲之發明。其二傳之所指列，一以五

〔一〕雷學淇：介菴經説卷十孝經，清道光通州雷氏刻本。雷學淇，嘉慶十九年（1814）進士，任山西和順縣知縣、貴州永從縣知縣，曆充丙子乙未同考官。

微義，十二著義爲之綱領，精麤本末，綜貫靡遺，煩簡損益，各有權度，所以揭道德之根柢，遡經曲之大原，正天心而立民命，舉括諸此矣。石齋解經諸書，當以是書爲最。經義考又載其孝本贊一卷，而注曰存今未之見，此書前有自序、目録，並詳載各卷經傳字數，共得七萬四千四百六十六字，亦可謂文繁理富矣，前又有康熙辛未海寧沈珩、壬申侯官鄭開極二序。〔一〕

朱彝尊：道周自序曰：「臣觀孝經者，道德之淵源，治化之綱領也。六經之本皆出孝經，而小戴四十九篇、大戴三十六篇、儀禮十七篇皆爲孝經疏義。蓋當時師、偃、商、參之徒，習觀夫子之行事，誦其遺言，尊聞行知，萃爲禮論，而其至要所在，備於孝經。觀戴記所稱『君子之教也』及『送終時思』之類多繹孝經者，蓋孝爲教本，禮所由生，語孝必本敬，本敬則禮從此起，非必禮記初爲孝經之傳註也。臣繹孝經微義有五，著義十二。微義五者：因性明教，一也；追文反質，二也；貴道德而賤兵刑，三也；定辟異端，四也；韋布而享祀，五也。此五者，皆先聖所未著而夫子獨著之，其文甚微。十二著者：郊廟、明堂、釋奠、齒胄、養老、耕藉、冠昏、朝、聘、喪、祭、鄉飲酒是也。著是十七者，以治天下，選士不與焉，而士出其中矣。天下

〔一〕周中孚：郑堂读书记卷一经部一，民国吴兴丛书本。周中孚（1768—1831），清代目録學家、藏書家。字信之，别字鄭堂（或説號），烏程（今湖州）人。清嘉慶六年（1801）拔貢。曾就學阮元，參與修輯經籍籑詁，著有孝經集解等。

休明，聖主尊經循是而行之，五帝三王之治猶可以復也。」[一]

朱垣：先生在白雲庫中，手寫孝經百二十本，本本各別。今觀集傳乃以孝經爲經，以禮記、孟子錯綜爲緯，與前日寫本絶不相同。

陳有度：先生嘗言「聖賢學問只是一部孝經」，今觀集傳以一部禮記爲孝經義疏，以孟子七篇爲孝經導引，其他六籍皆肇是書，蓋鄭、孔所未發也。

陳允元：夫子以孝經綱領六經，而其文簡質，不若他經之崇閎。自劉、鄭以下，數百家所紬繹章句耳。子輿不作，誰明其原？今讀集昭昭乎日月江河也！有聖人作，將修周公之業於傳乎取之，將明孔子之道於傳乎取之。先生嘗云：「孝經千七百七十三字，合乎天行。」今觀大小傳，煩簡損益，各有權度，後有達者，當有悟於斯文矣。

孫承澤：漳浦黄先生孝經集傳以孝經爲經，以二戴禮、儀禮爲疏義，錯綜宏博，見其苦心讀書。

鄭開極：鄉先生石齋黄公考注經傳，其功甚偉，而孝經集傳一書尤稱醇正，其分經别傳，則朱考亭之刋誤也；次第篇章，則劉中壘之今文也。儀禮、二戴記以爲疏義，則六家之同異可無論也。小傳則公之所發明，大

〔一〕朱彝尊：經義考卷二百二十九孝經，清文淵閣四庫全書本。朱彝尊（1629—1709），清代詞人、學者、藏書家。字錫鬯，號竹垞，又號醧舫，晚號小長蘆釣魚師，又號金風亭長。漢族，浙江秀水（今浙江嘉興市）人。康熙十八年（1679）舉博學鴻詞科，除檢討；康熙二十二年（1683）入直南書房。曾參加纂修明史。著有經義考等。

傳則兼采游、夏、思、孟之所闡述也。微義五，著義十二，則公之自序其節目也。旨該而義切，其爲集傳也，若是至德要道不粹然明備也耶。

沈珩：紫陽朱子孝經刊誤因文删定，無所增加，嘗欲掇取他書之言，别爲外傳，以發此經之義，而自謂未敢，蓋若有待焉。晚歲修明三禮，則以儀禮爲經，若二戴記及諸經史所載有及於禮者，各附本經之下，惟喪祭二禮未就，屬門人黄幹續成之。漳海黄石齋先生紹明紫陽之意，成孝經集傳一書，謂六經之本注皆出孝經，而儀禮、二戴記皆爲孝經疏義。他若游、夏諸儒及子思、孟子所傳亦備采之，謂之大傳；經傳各條之下，先生以窮理所得，暢厥發明，謂之小傳。此紫陽修儀禮之成法也。大傳字目二萬餘，小傳五萬餘，起草於崇禎戊寅，卒業癸未，厘然大成，非若紫陽儀禮喪祭之有遺憾也。

曹元弼：鄭君篤信好學，守死善道，進退容止，非禮不行，故依經立注，爲學者宗。若明皇之治有始無終，禍亂僨興，唐宗幾滅，德不足以庇百姓言，安足以訓後世耶？自時厥後，注解多淺近，不足觀，惟明黄氏道周孝經集傳融貫禮經，根極理要，其言曰：「孝經者，道德之淵源，治化之綱領也，六經之本皆出孝經，而小戴禮記四十有九篇、大戴禮記三十有六篇、儀禮十有七篇皆爲孝經疏義。（此謂孝爲禮之本，解孝經者當依據禮經，初非不論時代讀者勿以辭害志）蓋當時師、偃、商、參之徒，習觀夫子之行事，誦其遺言，尊聞行知，萃爲禮論，而其至要所在，備於孝經，觀戴記所稱『君子之教也』及『送終時思』之類多繹孝經者，蓋孝爲教本，禮所由生，語孝必本敬，本敬則禮從此起。」至哉言乎！與聖合契矣，其書條列禮文，俾先王順天下之道綱舉目張，蓋孝禮一也。大本謂之孝，達道謂之禮，孝以愛興敬，禮以敬治愛。鄭君而後見及此者，黄氏而已。〔一〕

曹元弼：忠端學貫天人，行完忠孝。此書廣大精微，憂深思遠，宏辭眇指。學者一時或難究詳要，其深切著明之義，固如揭日月而行要旨，所輯其一隅也。〔二〕

唐文治在爲小學課程挑選孝經注釋本時，説道：「是書唐明皇注本，無甚精義，明黄石齋先生孝經集傳又嫌太深，鄙人所編孝經大義亦嫌略深，惟須著講者譬況使淺，引證故事，開導學生良知良能，是爲立德立品第一步根柢。」〔三〕

〔一〕曹元弼：孝經學流别第七，民國刻本。曹元弼（1867—1953），民國著名學者、藏書家。字穀孫，又字師鄭，一字懿齋，號叔彦，晚號復禮老人，又號新羅仙吏，室名復禮堂，江蘇蘇州人。辛亥革命後，閉門謝客，不與外界接觸，以衛道士自居。一生研究禮學，「六經同歸，其指在禮」。著箋注十三經、禮經校釋、經學開宗等。高足有沈文倬、錢仲聯、唐蘭、王蘧常、吴其昌等。

〔二〕曹元弼：孝經學流别第七，民國刻本。

〔三〕唐文治：大家國學唐文治卷，天津人民出版社 2008 年版，第 124 頁。唐文治（1865—1954），著名教育家、工學先驅、國學大師。字穎侯，號蔚芝，晚號茹經。光緒十八年（1892）進士，官至清農工商部左侍郎兼署理尚書。曾任「上海高等實業學堂」（上海交通大學前身）及「郵傳部高等商船學堂」（大連海事大學、上海海事大學前身）監督（校長），創辦私立無錫中學（無錫市第三高級中學前身）及無錫國專（蘇州大學前身）。

唐氏又説道：「孝經學最精者，以明代黄石齋先生孝經集傳與吾友吴縣曹君叔彦鄭氏箋爲最。」〔一〕

馬一浮在「通治群經必讀諸書舉要」中，將孝經類的書羅列爲三種，即孝經注疏、孝經章句、孝經集傳，並講述其選取理由：「玄宗注依文解義而已；吴草廬合今古文，刊定爲之章句義校長，然合二本爲一非古也。唯黄石齋作集傳，取二戴記以發揮義趣，立五微義、十二顯義之説，爲能得其旨。今獨取三家，以黄氏爲主。」〔二〕

馬一浮又説道：「自來説孝經，未有過於黄氏者也。」〔三〕

〔一〕唐文治：茹經堂文集，民國叢書（第5編），上海書店1996年版，第2頁。

〔二〕馬一浮：通治群經必讀諸書舉要，復性書院講録，山東人民出版社1998年版，第31頁。馬一浮（1883—1967），中國現代思想家、詩人和書法家。幼名福田，字一佛，後字一浮，號湛翁，别署蠲翁、蠲叟、蠲戲老人，浙江會稽（今浙江紹興）人。與梁漱溟、熊十力合稱爲「現代三聖」（或「新儒家三聖」）。浙江大學原教授，曾應蔡元培邀赴北京大學任教。中華人民共和國成立後，任浙江文史研究館館長、中央文史研究館副館長，是第二、第三屆全國政協委員會特邀代表。

〔三〕馬一浮：馬一浮集第一册，杭州古籍出版社1996年版，第218頁。

附三　黄道周論孝八篇

孝紀序〔一〕

洪思曰："蓋盧墓孝子詔安蔡柳谿之所作也。孝紀成，其友林忠簡爲刻之漳上，而柳谿必欲得黄子一言，時黄子方以論楊嗣昌、陳新甲奪情廷杖歸，乃對之揮涕，勉爲之序。甚矣，黄子之似鄒忠介也！羅近谿作孝經疏成，必欲得忠介一言，時忠介方以論張居正奪情被杖，歸乃對之流涕，謂近谿曰：『身體髮膚，受之父母，不敢毀傷，今吾足已毁矣。雖然，吾有不毁者存。』亦勉爲之序。"

〔一〕孝紀序，黄道周集卷二十一，翟奎鳳、鄭晨寅、蔡傑整理，中華書局 2017 年版，第 860 頁。

蔡端卿，有道之士也，所著孝紀十有六卷，問序於不肖十載矣，未有以應之。不肖誠自忖少慙文彊，長媿臯魚，惴惴焉奉先人遺體，常恐不克自保，或輾轉溝壑，或付鈇鑕鼎鑊，爲先隴羞，及一二知己之所恨歎，是以臨文嗟悼，抱經潸然，不敢以餐飯茹痛之言，溷告於斗極之下。頃年以來，遂更隕越，垂翼之矢，洊於股腹。嗚呼！曾子有言：士有傷其體膚，疤瘢不滅，鋟於肌骨，君不爲臣，士不爲友，死別於兆域之外，生不與於宴祭。嗚呼！此道豈復不肖今日之所敢言乎？王休徵、劉長盛皆以至德聞於閭里，地爲湧鱗，天爲發（發，浦中刻本作「雨」，誤）粟。及一旦國家多難，黔默引身，改適二姓，竊糈敵廷，連姻夷主，然而格士尚談貞夫，不以爲恥者，謂其內行篤而藏身固也。即甚不然，猶以忠孝不偕，代其回護，以爲口實。嗚呼！精義至命，茂德通性，士君子誠得閉户而觀中和，擇地以拾醇懿，言行滿世，過咎不生，雖覆五鼎以就樵蘇，汏三牲以芼藜藿，亦豈有所不慊於此哉！有子曰：「其爲人也孝弟而好犯上者鮮矣」，言夫國子盡言、處父好直之有所不盡也。陸象山論學以孩提愛敬，可廢六經，雖有激揚已進之論，其大指不失於立身終始、明堂亨帝之說。不肖比方爲孝經大傳，以「至德要道」本十八章，其大戴所存曾子十篇，曲臺所記天子至士庶人之禮三百八十餘，則皆附爲傳，常恨鹵莽不足以窺測淵微，扶承聖化，有感於端卿之言，歎裨救之已遲，服膺之不懋也。乃復揮涕，識於簡端，言念前賢，若其有知應，使汗青載吾鼎簡矣。

書古文孝經後〔一〕

孝經有三微五著，何謂三微？因性作教，使天下之言教者皆歸於性，一微也；因嚴教敬，使畎畝父子皆有君臣之義，二微也；因親事天，使士庶人皆有享祀明堂之意，三微也。何謂五著？臣子不敢毁傷其身，天子不敢毁傷天下人之身，一著也；天子不以名與人，臣子不敢取當世之名，亦不能終辭後世之名，二著也；臣子聚後世之懽心以事其親，天子聚天下之懽心以事其親，三著也；顯親在於身後，安親在於生前，四著也；君親不恤其天下，則臣子不敢恤其膚體，以義成仁，以敬教愛，五著也。至如著非孝之法，絕楊、墨之學，炳如日星，不待紬繹，可與天下共悟矣。

〔一〕書古文孝經后，黄道周集卷二十二，第961頁。

書孝經別本後[一]

洪思曰：「黃子詔獄中所書一百二十本孝經，本本各有論著，文與義咸殊焉。其『庶人』有引詩者四十部爲別本，故三十有三部有移小雅宛之詩于『庶人』之首，七部有補豳風七月之詩于『庶人』之尾。今皆散亡，幸此七本，猶或可尋也。此本蓋得諸涂待詔德公，餘尚在晉江蔣若椰家。」

德之本，教之所由生，是一篇金聲；禮者，敬而已矣，是一篇玉振。其中享祀、明堂、政刑、禮樂，條理粲然，只是因心因性，無拂于民生，不毀傷天下，仲尼作用全在此經，故曰「行在孝經」也。辛巳秋深書于白雲庫。

五孝俱引詩者，當以「聿修厥德」繫于天子之前。庶人不引詩者，當以「能養」爲孝之末節，故其語意抑

[一] 書孝經別本後，黃道周集卷二十三，第970頁。

揚（洪思曰：「天子、諸侯、卿、大夫、士之孝不言養，而庶人之孝獨言養，故曰『此庶人之孝也』。此之者，微之也。」），與曾子論孝章表裏。向在西庫，寫此經百二十本，其七本有補豳風（洪思曰：「庶人章曰：用天之道，分地之利，謹身節用，以養父母，此庶人之孝也。詩云：『我稼既同，上入執宫功，晝爾干茅，宵爾索綯，亟其乘屋，其始播百穀。』」）甚無謂。六本在蔣相國處，此其一也。餘八十本俱依石臺原本，又三十三本以「聿修厥德」移于天子之首。西庫無佳筆，俱用禿筆書之。如此冊者，真可用之覆瓿耳。癸未臘月二十四日，再見此冊，時在鄴山壂厓折肱，力不勝書，命人捧左手黽勉記此，前後蹉跎，重爲引歎也。道周又識于諸翁之麓。

書孝經頌後〔二〕

洪思曰：「頌二千四百二十言，雄麗極矣。蓋爲人書長卷而作，非其好也，故自傷其言渺而音繁，因識數行於後云。」

是所頌起艸之第二本，尚有出入，未悉更定。年踰知命，學已斂華，而猶襲文人之餘風，聳蕤生之末采，所謂加醯醬於太羹，錯藻績于越席，非其質矣。古人有言：思遝則音繁，心幽則言渺。故復變淳古之先裁，就下瀾之宕漾，上不避譏于游、夏，下不分哀于屈、賈。辛巳元冬，識於西庫。

〔二〕書孝經頌後，黄道周集卷二十三，第971頁。

書聖世頌孝經頌後〔一〕

秋在白雲庫下，明發悽愴，乃書孝經以侑同人，前後百本，既稍畢役，又爲孝經贊十八章，及孝經頌一篇，凡三千餘字。（洪思曰：「贊蓋『素王敷政篇』也，凡十八章一千三百七十一字。頌蓋『覆露抽條篇』也，凡一章二千四百二十字。贊、頌凡三千七百九十一字。」）應諸求者，手腕欲脱矣。既念聖世頌佈此經，較諸石臺尤宏錫類，而颺言缺焉。王充云：「事不頌主，無益于國。」禮記又云：「邇臣不言，而遠臣言之，則諂也。」今身爲纍臣，已同胥靡，而謬舉鴻筆，輟之則有「無益」之嫌，成之又有「則諂」之歎，聊當雅舂擇米之役，非敢媲燦於球圖，窺光於皇序。知我罪我，俱在斯文，尚冀來賢删其蕪蔓云。

〔一〕書聖世頌孝經頌後，黄道周集卷二十三，第972頁。

孝經頌[一]

觀夫覆露抽條，感滋奮氏，攄光魂於七曜，麗精魄於五峙。兌震之命頂踵，離坎之交脈理，莫不循本登標，依經出緯，象天地之自然，直斗柄之所會。故有華蓋疏其毛髮，雲漢導其榮衛，風霆發其肸蠁，陰景盪其明晬。苟一范之，曰：人皆知生之足貴。若夫聰明睿智，神武不殺，噴湧涵蓋，含吐日月，噓氣則河海翕舒，展蹠而川嶽分豁。其動也，萬物爲之震耀。其息也，百靈爲之寢伏。猶且雨金而錫八方，鑿玉以珪萬國，此信帝抱之冡子、天植之元腹也。若夫咀聖胎仁，絡醇挺真，言不待咏，悟不待詢，貴不待組，榮不待綸，播禮樂爲黍稷，揮秕礫爲鳳麟，啟齒則壎篪四應，安步而鐘莞咸闐。七緯周其几席，九野拂其跬塵，雖錯於環堵之側、巖石之下，而清涼則爲秋旻，煖燠則爲春旻，斯又玄穹所爲當璧，而黃媼之所馮神者也。既天亶之維均，乃獨觀其所至，或類萃之難絕，故曠世而一值。當夫蒼㯕漂庭，赤烏啄屋，玉兆絕歧，墨龜談洛，文、武之冊既五百四年，春秋所存僅七十二國，九罭之綱頓於洙流，雙衮之歸於東服。於斯時也，仲尼不出，天地悱惻，真宰旁春而求阿保，五帝倉

[一] 孝經頌，黃道周集卷二十八，第1254頁。

皇而歎弱息。仲尼於是匍匐以就口食，歧嶷而説道德，俯仰天地，喟然歎曰：「其維孝乎！孝者，聖德所以顯親，哲王所以明報也。」爾乃樹忠與敬，以啟孝彊；表順與慈，以宣孝里。杜惡與慢，以實孝墉；鋤驕與溢，以畢孝籽。立言行以爲社稷，敦和睦以爲廟市。三德之閎，引其臯門；六藝之都，環其泮水。子騫則左右奉車，仲由則輓餽千里，西華則奔走無方，南縚則黽勉從仕。言游載筆以賡白華之章，仲弓幹蠱以占「用譽」之筮。又有休糧七日，體鴞羽之劬勞；家食五年，繹君陳之妙旨。於斯時也，崔寧煽戚於齊、衛，般痤互夷於宋、蔡。欒施以黨而攻公宮，陳招以國而殺嫡嗣。三綱頹，五典斁，諸侯懈，大夫肆，荊楚先敗，不四五年三弑其君，而後王室陵遲，宗國卑淪。天王有翟泉之居，齊侯致野井之唁。即使書社千百，讓江漢以明尊；季、孟國高，分東海以濬業。亦豈遂改步改玉，皇虞芮之蹶生；舉鼎舉隧，揚蒙倛之奧渫哉？夫天之所教於人者志也，人之所效於天者事也，先事承志，怡色下聲，大孝子之誼也。夫以五石六鷁，感戾氣之晚衰；亳社澶淵，嗚焦風之再熾。白馬之芻難求，水精之澤已罄，知上帝之甚瘵，非嚻音所得訊。逮於哀、昭之間，四十五年而彗孛再曙，大者見於雉觀，微者竄於奚鼠，顯者託於鸜鵒，隱者動於螽蝑。二國之憂儒書，思樂之化楚語，琴瑟鐘鼓無所導其餐，關石和鈞無所將其藥。譬耀魄之喪寶，而羲農之自□，將使雷公乞劑於越人，俞跗受方於扁鵲。夫豈無尹單之徒申其繾綣，劉萇之曹投其瞑眩，僑肸之倫進其匕箸，會厥之輩和其烹煆哉？以爲醇仁之外無刀圭，至義而下無鍼灼。泰和不湊，無醯羹；泰順不蒸，無饘粥。天顧四國，膻溷相續，非復仲尼盟而薦之，則亦不樂也。於是仲尼衣不解帶，食不知味，繫綏而寢，容臭而起，東向而問天首，西向而問天趾，溫凊抑搔者，蓋三十年未已。彼坐合宮，宿明堂，垂畫衣，鏘薰風者，亦烏知天步之艱難、天夢之驚悸哉？諒玄穹之伊臺，亦自幸其有子；雖九寡之畢哺，亦猶嘅其未至。故與申生、許止言孝，則無所不孝；與紀季、目夷言弟，則無所不弟；與季友、叔豹言忠，則無所不忠；與季札、伯玉言義，則無所不義也。而猶使曾參振其鳴鐸，辨其條貫，明敬愛之胥慶，悼毀傷之同患，防兵刑之弊終，痛唯阿之底亂。告憂恤，則曾參爲大納言；議禮樂，則曾參爲大宗伯；誨序爵，則曾參爲宰阿衡；圖王會，則曾參爲典屬國。乃使征伐之義止戈於陳、蔡，盟誓之信斷言乎適歷，亦各文其所文，質其所質，因天道之自澹，於時尚乎何執？即使侵地不反，不假柯社之兵；巖疆不墜，不資高固之力；朝猛不定，無首止之勤；黃池先歃，無召陵之蹟，亦各有有嘉獲於折首，田禽執於無咎，正誼消其凶萌，長道屈其群醜，指勝福以自伸，涉功利而不受。雖卜商察之，猶未接其根芽；端木聽之，猶或騰於華實。而使子輿導之，燦燦乎若絲竹之繼蕢鏞，白月之禪丹日也。故有一代之興王，則必有一代之名佐，皤溪奮其高蹠，有莘起其安臥，傅巖匡其疾跣，庭堅扢其墜挫。蓋皆夢寐師錫，垂老而遘，未有若子輿之夙服早賀者也。於是仲尼將以寅月上日，大輅文冕，布和升中，運樞錫極，差百王，等群辟，郊微子而禘成湯，祖弗何而宗梁紇，輯仁敬之祥壝，敷篤恭之蘿席，則子輿進焉。撁繩圖，揲寶策，退昭華，登泗濱，旌韶箾，賸樊遏，拊后夔則希聲者咸諧，招伯夷則無文者共秩。於是乎鳥獸卻立，麟鳳逡巡，指佞之草不躁，叱户之莛還馴，鍾旃塗而發簇，洗泥離而稱賓。自一卉一木之微，一鱗一毳之細，扶牧以時，繳罟不試，莫不叩宮而商鳴，呼羽而角至。故特隼豫而不搏，齊虞吁而不筮，薅收絀於司囿，招矩停其爽摯，亦常以閲秋季月深察百族，有共鮌之九載墜僝，齊兜之比周讒説，華士之狂裔服淫，正卯之醜辨誣惑，及檮杌之遺種，饕餮之殘慝，叛常棄經，蜮民蠹國者，將舉而投畀北豺，膏釁斧鑕。蓋蒿目四睇，莫之有也。於都盛哉！仲尼之治也，亦惟是量德種於絫黍，潔道衡於圭尺，葆孩赤之津淳，奉親長之度律，言動不過，步趨鮮失，秉至要而御之，相柯條而適焉。亦豈有異術奇軌，震裂靈祇，偪拆天地，使四友無所讚其辭，七聖無所商其智者哉？夫古之聖賢，景命爍師，亦皆有盤結，不詘厥懷，虞帝宗堯而不得宗瞍，大禹郊鯀而不得郊舜。姬雷發屋，僅白其縢書；伊霧□天，始宏其陟命。墨胎絕跡，遠孤竹之喪；邑考變容，啟懷貳之慭。降於史魚之仰亢陳尸，禽息之碎首將進，大或淹其禮樂，細或睽於誠信，未有若仲尼之無階尺木，不動阿柄，而納兵麓於清寧，躋咸夏於犬順者也。故謂舜禹事親以事天，仲尼成天以成親，尹、旦敬身以敬天，仲尼立天以立身，此其小別也。若其大夐，則苞孕百世者還生天地，提誨百王者嚴立億世。既因嚴以命天，乃分慈以與地。地不以慈敗，天不以嚴寘。故觀詩、書，知太極之有諍臣；誦春秋，知乾元之有諍子。彼夷主與惠君，或變或革，或禪或繼，皆因愛而澳休，或觀怒而變熱，蓋順令之未遑，又奚究乎養志？所以有若有誇遠之談，子貢有升階之譬，而曾參因之以踸踔杓璣，出入風雨，垂徽音於無窮，播親名於罔極。方於烈山，則金明提格之主化□；近在姬文，則虢叔閎天之主輔德。信所謂登若木而附星辰，陟崑岑而瀉河瀆者矣。故才之不可學者睿也，性之不可化者浸也，睿則可偭庶於得一，浸則可不假於知十。苟非天之所自然，雖日至而何益？既本底之先茂，故四達而無斁。所以願假百年，以誦至要之篇；欲併岱、華，而勒繇生之石。誠使孔俎可執，將帝植以莫從；或曾席容分，縱天抱其誰易乎？

聖世頌孝經頌〔二〕

天下非難治也，教則治，不教則亂。晚世非難教也，本性則教行，不本性則教不行。羲農始作，民則尚稼穡，稼穡可治，亦可以亂。三代嗣興，民尚詩書，詩書可治，亦可以亂。方我太祖之有天下，洑濯日星，盪滌嶽瀆，既下馬而論道，乃垂意於詩書，自謂起於農家，復敦情於稼穡。以詩書而當稼穡，其道已文；以稼穡而當詩書，其道太質。文質之間，孝弟已興。故孝弟者，太祖所經緯天下也。方是時，養老恤孤之令無歲不申，安蒲玄纁之徵相賁於路，卉衣辭陛，動叶湛蕭，旅雁將家，亦由陔黍。是以人磨鈍器，家礪勁節，醇仁濃澤。既百餘年至於孝宗，帝道爛焉。覃及世宗，暨我神祖，所其無逸，旭日之麗殷邦；遐不作人，章天之襄雲漢。是以重譯象謂，環水以聽經書；四塞羌戎，緜旃而偁都講。煒已哉！二祖三宗之治也。測其濬源，實資茂本，納流衆者涵浸必宏，盤牙深者敷滌必遠，故陟徂岐則子咸邁父，偁篤慶則後各昌前。孝弟之間，是生文質，其大概矣。若夫易、詩言孝，備有慶譽造就之名；仲尼授經，不過愛敬教諫之實。序來章則聿修統其誠，談成親

〔二〕聖世頌孝經頌，黄道周集卷二十八，第1265頁。

則從今砭其失。蓋其道大，非漆韋所能繩；其義深，多蒭蕘所不識。然而大享所貴蕭𠤳陶匏，澤宮所重灌番更老，亦莫不示人敦樸，以顯至教。至於饋醬酳爵，袒割射牲，齒胄執綏，總干就位，又有祈穀而狗公宮，扶耒以嘗勞酒，葭逢五翼而奉騶虞，蘋蘩十行以從貍首。大或遠於人情，微或邈於天道，亦有五帝所未營，七代所不究。考其意，必謂天下無可慢之人，匹夫有勝予之咎，所以創制者損益而不更，受成者追趨而恐後也。夫禮作於大人而道衷於上聖，其可變者，侑尸墠鬼、蒐苗盟誓之敦文；其不可變者，親親長長、老老幼幼之民秉。世用之則爲經，上著之則爲令，亦未有如今天子之選道考德得其至要者也。方崇禎之九載，值土德之中會，二祖三宗之烈既二百七十年，五運十緯之周尚五百五十歲，憂盛者致誠於日中，犖前者勤思於不匱。蓋自黃虞而降，明禋肅穆之文；武周以前，維清於昭之義。無鉅不舉，有遠必屆。而天子猶且侐然，念光通之化未洽於遐幽，恐教本者多華，而聚歡者少實，欲室至而噉敬讓，日見而呼子翼，乃命天下共表孝經，並以小學充其義類。想永錫之能仁，亦因嚴而作配，將起羔、鶩之輩扶轂而問溫涼，游、夏之倫摳衣以修應對，使天下敬循其道，則逆德者從風，反踵者面内，蝂蟦猰貐湛以香柔之膏，檮杌饕餮解其奇衺之佩。天子又且治其精神，敦以身令，布衣蔬食，陟降而遘聲容，禮象圖形，焄蒿以通省定。行葦之露溥，楚茨之誠盡，處齋宫者動或經時，會上需者簿或減正。非有祀而不親，罔一豫之敢騁。是以天下翕然知五禮之歸於一孝，五孝之歸於一敬。搴草木者護其根芽，采翎躪者刊其鄂穽。方斯時也，山無槎蘖，澤無伐夭，庖舍蚳蝝，童避孚鷇，斷罟而命王魚，祝網以來鳴鳥，纛有頻放之麑，池有尺目之漏，草呼重榮，蟲鳴更造。間有修黏稓藥，出於青門；爰羅椓罝，施於中道。天下曉然知非天子之意與聖人之教也。是以神明盱衡而贊袞鉞，鳥獸祛趨而從舞蹈，娟嫉貪憤者應顯僇，悖德作凶者決陰脰。襏襫之叟，解褉而談詩、書；鞶帨之儒，拂巾而勴治道。解褉談詩、書，不爲野；拂巾勴治道，不爲躁。故以襏襫而當甲胄，以鞶帨而當干戚。所未向格直，姦民之與外□，其小小者也。誠得扆負豳風，屏開無逸，户環月令，几銘皇極，益、契以爲凝丞，盤、説以爲輔弼，圖松、國壽以爲鉏卿，蒼龐、靈回以爲庶職，懷邪醜正者必誅，阿諛順旨者必斥，意靜心誠，矩平物格，乃使仲尼端誦而稱先王，曾子歛容而考至德，攬鏡昭昭之途，安舄浩浩之域。是重明青所遜聽於簫韶，寶甕器車所候登於陶席也。率斯道也，天下治矣，明神格矣。陰陽調矣，刑威措矣，民生遂矣。乃作頌曰：

粤稽天德，厥貴恒性。於皇師天，永孝配命。師天永孝，乃立民極。明明我皇，允爲天德。三宗二祖，聿繩厥武。顯道稽古，以綏多祜。亶爲聖言，宥密所宗。愛敬立隆，與虞夏同。芯芬孝旨，以稷以醴。明神燕喜，以興百禮。既和且博，先民有作。四海夷懌，以興百樂。不毁卵胎，不傷草萊。禮樂偕偕，百工允諧。不替耆耉，不侮鰥寡。綏此孝駕，以弭六馬。夷夔涣丘，皋陶讞囚。彌性優游，以和春秋。春秋時夏，靡有不化。調此六馬，以適孝駕。於皇繹思，重譯乃來。輪航熙熙，如山如茨。爰緝虎皮，爰櫜弓矢。非無功臣，敬讓孝子。上帝曰明，時予所經。孚中好生，召祥偃兵。乃顧群醜，亦懷順道。趣此慈母，小大稽首。翕河皇華，何土不敷。黄龍玄菟，元鼀赤烏。四國來王，各以共職。有嚴皇慈，夏日冬日。先民有言，下土之式。無思不服，曰二祖之德，曰三宗之力，洽此四國，徧爲爾德。

孝經辨義[一]

或問：孝經「無念爾祖，聿修厥德」爲德本發揮第一義，後來四引詩，皆是修德詠歎，不到能養上去，是以子游問孝，夫子止說敬字。庶人一章止說此庶人之孝，更不引詩了，此意如何？

石齋云：此是分章錯了。夫子論五孝皆先引詩而後發義，如首章說「至德要道」，又說「孝德之本也，教之所由生也」。以孝立教，是此書大綱領。如中庸「天命之謂性」一章，說率性修道，後來顯出虞舜、周文，亦是此意。第二節說夫孝始於事親，本於不敢毀傷，爲孝之始；終於立身，究於揚名後世，爲孝之終。終始兩義朗然，故五孝之卒章，結以「自天子至於庶人，孝無終始，而患不及者未之有也」。如大學說「物有本末」、「修身爲本」，結云「其本亂而末治者否矣」，亦是此意。看五孝一篇，分明是大學、中庸二篇之義，若合此篇與學、庸並行，是四書五經之三始也。如「聿修」之詩不過爲天子之孝發端耳。自天子至庶人同此孝德，雖尊養義殊，而聿修則一，安得謂四孝宜引詩，而庶人不宜引詩？又安得謂聿修之義，遂爲德本教生之旨乎？

[一] 孝經辨義，黃道周集卷三十，第 1406 頁。

然則孝經首章何爲以「聿修」之詩結德本之義？又何爲四孝引詩至庶人獨不引詩也？

曰：五孝俱先引詩，如首章之意已盡於「孝有終始」一段，至第二節「夫孝，始於事親，中於事君，終於立身」，又自更端爲五孝張本，所以遂引大雅以起天子之孝。如王之藎臣，「無念爾祖」，明明爲天子而發，安得首章遂引詩，自爲詠歎？至於庶人獨寥然闊絶，非特意義乖離，亦文勢紕漏矣。

然則孝經自前漢已列學宫，又文辭簡少，閭巷之所易習。自匡衡進講時，已云大雅「聿修厥德」，仲尼引爲孝經之首章。今遽以首章斷於孝之終也，而離大雅爲夫子之發端，則自匡衡時何不如此？並閭巷所誦習亦皆無異義，豈亦孔壁之前孝經未著，自疏廣、匡衡而後離章殊旨耶？

曰：自孝經列於學宫，經師進講，止取其崇閎便於誦説者，又拘於字義，晰理未精，遂以大雅之詩爲德本發詠。又見吕刑「一人有慶，兆民賴之」，以一人爲天子，故遂以諸侯之發端，爲天子之結義。不知古人雜引詩、書，多在篇前，如禮記中坊、表諸篇似此甚衆。即如中庸「尚絅」之詩亦先引詩而後説義，又何疑於「念祖聿修」之爲天子起義乎？諸侯雖不得自爲一人，而引詩者斷章取義，如「富貴不離其身，然後能保其社稷而和其人民」，此即「一人有慶，兆民賴之」之意，又何疑乎？

或曰：以「聿修」之詩移於天子，「有慶」之書移於諸侯，「戰兢」之詩移於卿大夫，「夙夜匪懈」與「無忝所生」歸於士、庶人，則五詩均齊似矣。然中間過節各有「子曰」二字，文理微礙，與緇衣、坊、表門人記撰體制不同。不知王逸、劉炫原本，與晦翁定本所加損「子曰」三四處，可因而動移之歟？

曰：孝經各有引詩，及「子曰」字，疑亦曾子門人所記。看他首稱仲尼、曾子，則非仲尼手授無疑也。然王逸本「故自天子至庶人章」上有「子曰」二字，則文理失順，又「孝德」章加「子曰」亦虚衍難施，惟首章「夫孝始於事親」節宜加「子曰」兩字，爲五孝統，餘俱可省耳。班生曰：「與其過而去之，寧過而存之。」晦翁作孝經定本，删去「聖治」章數句，至今爲人口實。今於五孝之章各留「子曰」字，亦無損於義，何必去經文以就便讀乎？

或曰：晦翁以五孝首篇爲經，餘十三篇爲傳，各釋首章之意。如「三才」章「其教不肅而成，其政不嚴而治」，是釋以順天下之意。如此分佈，都釋五孝之義，是否？

曰：大學首章爲經，下章爲傳，此自有夫子、曾子言義不同。今孝經皆記夫子之言，安得自分經傳？凡夫子之行事見於孝經，孝始於不敢毁傷，終於揚名後世；始於不敢惡慢一人，終於郊祀配天，禍患不生，災害不作。故孝者，教也；教者，禮所從出。禮歸於敬，敬出於孝，孝敬立而治道畢，故廣至德之章直曰「禮者敬而已矣」。首篇祗言「至德要道」是一孝字，直到結束，乃指出敬字。凡天子之不敢惡慢、諸侯之不敢驕溢、卿大夫之不敢不法、士、庶人之忠順不失、謹身節用，皆敬也，皆孝也。至於先王之以身率先，敬人之父，敬人之兄，敬人之君，皆以天子而親行子弟之事。明堂之三老五更，辟雍之執醤饋酳，藉田之秉耒三推，宗廟之禮牲袒割，是一部禮記皆爲孝經作傳，又何有孝經自分經傳之理乎？

然則孝經爲經，禮記爲傳，不如取大戴記中曾子十篇爲傳，一則與孝經表裏，一則是曾子家言。如汎汎將一部禮記，服食喪祭，爲緒千端，如何連類而貫？

曰：禮記雖有千端，不過是教孝教敬。如曲禮、内則、玉藻、郊特牲、祭義、祭法、喪服記、曾子問、王制、文王世子數篇，大略已盡。因而推之，冠昏、燕射、鄉飲酒，以悉其端，求之禮運、禮器、坊、表諸篇，以暢其説。而哀公問一篇，於敬身敬親之旨殫發表裏，無復遺矣。孝經一部書與哀公一篇大半出入，而嚴父配天之意獨爲淵微，要畎畝之下，不傷一物，不殺一草木禽獸，各有嚴父配天意象，許多禮樂皆繇中和而出，資孝敬而立，孝以導和，敬以致中，明此兩字雖與周公共作禮樂可也。曾子明孝十篇，語雖親切，而規模意象不得與孝經相副，相其所至，與禮樂内則同歸。今作孝經大傳，先明篇章，次論孝敬淵源，三論反文歸質，而孝經意義燦然。雖三禮如亂，刊繁就簡，可以畢學矣。

或問：反文就質之義如何？

曰：孝經自不毁傷其身以不毁傷天下，不惡慢一人以至享祀上帝，皆原本敦素，即心爲治。許大學問，不假一毫緣飾，不假一毫事功。中間避刑辟兵，制禮創樂，至於擗踴哭泣，三日而食，皆質素自然，愚夫愚婦所當心自盡者，卻有仰思不合的道理，夫子特地爲素王敷治。似周公太文，夫子太質也。勿論三禮官儀，視此繁重，即如中庸、大學視此，尚未簡素。讀孝經後真覺良知良能塞天塞地，於「言滿天下無口過、行滿天下無怨惡」處，千倍工夫，鍛鑄難成。即如「身體髮膚受之父母」處，端本正原，一部孟子俱從此出。故孝經有五大義：本性立教，因心爲治，令人知非孝無教，非性無道，爲聖賢學問根本，一也；約教於禮，約禮於敬，令人知敬以致中，孝以導和，爲帝王致治淵源，二也；則天因地，常以地道自處，履順行讓，使天下銷其戾心，覺五刑五兵無得力處，爲古今治亂淵源，三也；反文尚質，以夏、商之道救周，四也；辟楊誅墨，使佛、老之道不得亂常，五也。以是五者宣翼孝經，別其章分，然後以禮記諸篇條貫麗之，雖不看吾大傳，可以意作矣。

主要參考文獻

禮記正義（全四冊），鄭玄注，孔穎達疏，龔抗云整理，王文錦審定，北京大學出版社 2000 年版。

大戴禮記補注，孔廣森傳，王豐先點校，中華書局 2013 年版。

儀禮注疏（全二冊），鄭玄注，賈公彦疏，彭林整理，王文錦審定，北京大學出版社 2000 年版。

論語注疏，何晏注，邢昺疏，朱漢民整理，張豈之審定，北京大學出版社 2000 年版。

孟子注疏，趙岐注，孫奭疏，廖名春、劉佑平整理，錢遜審定，北京大學出版社 2000 年版。

周易正義，王弼注，孔穎達疏，盧光明、李申整理，吕紹剛審定，北京大學出版社 2000 年版。

毛詩正義（全三冊），毛亨傳，鄭玄箋，孔穎達疏，龔抗云、李傳書、胡漸逵、肖永明、夏先培整理，劉家和審定，北京大學出版社 2000 年版。

尚書正義（全二冊），孔安國傳，孔穎達疏，廖名春、陳明整理，吕紹剛審定，北京大學出版社 2000 年版。

周禮注疏（全三冊），鄭玄注，賈公彦疏，趙伯雄整理，王文錦審定，北京大學出版社 2000 年版。

春秋左傳正義（全四冊），左丘明傳，杜預注，孔穎達疏，浦衛忠、龔抗云、胡遂、于振波、陳咏明整理，楊向奎審定，北京大學出版社 2000 年版。
春秋公羊傳注疏（全二冊），公羊壽傳，何休解詁，徐彥疏，浦衛忠整理，楊向奎審定，北京大學出版社 2000 年版。
逸周書彙校集注（修訂本，上下冊），黃懷信、張懋鎔、田旭東撰，黃懷信修訂，李學勤審定，上海古籍出版社 2007 年版。
國語集解，徐元誥撰，王樹民、沈長雲點校，中華書局 2002 年版。
新書校注，賈誼撰，閻振益、鍾夏校注，中華書局 2000 年版。
韓詩外傳集釋，韓嬰撰，許維遹校釋，中華書局 1980 年版。
春秋繁露義證，蘇輿撰，鍾哲點校，中華書局 1992 年版。
孝經注疏，李隆基注，邢昺疏，鄧洪波整理，錢遜審定，北京大學出版社 2000 年版。
黃道周集（全六冊），翟奎鳳、鄭晨寅、蔡傑整理，中華書局 2017 年版。